工业和信息化普通高等教育“十三五”规划教材立项项目

A BASIC PRACTICES COURSEBOOK
FOR DATA SCIENCE

数据科学基础

实践教程

陈展荣 刘小丽 余宏华 杜宝荣 / 编著

暨南大学本科教材资助项目

人 民 邮 电 出 版 社
北 京

图书在版编目（CIP）数据

数据科学基础实践教程 / 陈展荣等编著. -- 北京 :
人民邮电出版社, 2020.9（2024.7重印）
ISBN 978-7-115-52311-2

Ⅰ. ①数… Ⅱ. ①陈… Ⅲ. ①数据管理－教材 Ⅳ.
①TP274

中国版本图书馆CIP数据核字(2019)第232817号

内 容 提 要

本书以数据处理为主线，系统地介绍了数据处理的基本原理、算法可视化工具、常见算法的思想、Python 程序设计及算法实现，以及常用的图文制作工具。

全书分为 3 篇，共 12 章，包括数据科学基础实践概论、Excel 中的数据表示、Excel 中的数据计算、Excel 中的数据分析、Excel 中的数据可视化、算法可视化工具、算法设计基础、Excel 中的算法、Python 程序设计基础、算法在 Python 中的实现、Word 文档处理、XMind 思维导图制作。

本书可作为高等学校非计算机专业数据科学相关课程的实践教材，也可作为其他读者快速理解数据处理及算法设计与实现的自学参考书。

◆ 编　　著　陈展荣　刘小丽　余宏华　杜宝荣
　责任编辑　许金霞
　责任印制　周昇亮

◆ 人民邮电出版社出版发行　　北京市丰台区成寿寺路 11 号
　邮编　100164　电子邮件　315@ptpress.com.cn
　网址　https://www.ptpress.com.cn
　北京盛通印刷股份有限公司印刷

◆ 开本：787×1092　1/16
　印张：9.75　　　　　　2020 年 9 月第 1 版
　字数：238 千字　　　　2024 年 7 月北京第 4 次印刷

定价：39.80 元

读者服务热线：(010)81055256　印装质量热线：(010)81055316
反盗版热线：(010)81055315
广告经营许可证：京东市监广登字 20170147 号

前　言

数据的表示、计算、分析及成果展示等是各个专业学生必备的知识和技能。无论将来是否从事数据计算与分析，作为一名大数据时代的大学生，都应该熟练掌握一些必要的数据分析工具，熟悉算法的各种设计，掌握一种实现算法的程序设计语言。

本书简要介绍了数据表示与分析的思想与工具、算法思想与算法设计的可视化工具 RAPTOR 以及算法实现的 Python 语言。全书分为 3 篇：数据篇、算法篇和工具篇。每章的基础知识部分，由浅入深地系统介绍了实验必须的理论知识和相关实践所需的算法思想。在实践部分，先从基础实验开始，根据预备知识，由浅入深、分层次地设计了一系列实验，以满足基础不同的学生的练习需求。通过对实验要求的描述，本书力求使学生清晰地理解实验内容，按实验步骤完成相关操作后，理解数据处理的原理与方法、数据处理的算法思想与设计流程，掌握一定的编程知识，并通过编程实现其算法。

在编写过程中，作者力求突出对学生“计算思维能力”的训练，通过实验操作的多样化、多层次的阶梯式反复练习，达到培养学生独立思考和解决问题能力的目的。在教学目标方面，本书主要突出两个方面：一个是掌握数据分析的基本思路、基本理论与基本方法；另一个是实践应用能力的培养，即面向不同专业学生的实际应用需求，能够给出数据解决方案并最终实现它。本书集知识性、实践性于一体，具有内容安排合理、层次清楚、图文并茂、实例丰富等特点，便于不同层次和专业的读者学习和使用。

本书大纲和统稿由暨南大学信息科学技术学院的陈展荣老师完成，余宏华老师对本书进行了精心编校。其中，第 1 章、第 4 章～第 7 章、第 10 章由陈展荣编写，第 8 章由余宏华编写，第 11 章、第 12 章由刘小丽编写，第 2 章由陈展荣、刘小丽共同编写，第 3 章由陈展荣、余宏华共同编写，第 9 章由本书作者共同编写。本书第 2 章和第 11 章的部分实验素材来源于范荣强老师编纂的实验，许迅文老师、梁里宁老师也为本书提供了宝贵的资料，周珊老师参与了本书的校对工作，在此向他们表示感谢！

编著者

2019 年 5 月

目 录

数据篇

算法篇

工具篇

数据篇

第 1 章
数据科学基础实践概论

本章主要介绍数据科学的基本概念、实践目标和内容，以及数据科学基础实践教学的目标与实验要求、实验要点等。

1.1 数据科学的基本概念

1.1.1 数据科学的含义

数据科学不等同于大数据，也不能用大数据的几个“V”（Volume、Velocity、Variety、Veracity）来构造数据科学的内容体系。首先，数据科学是关于数据的科学，它研究的对象包括大数据、中数据、小数据。其次，大数据中的“大”是一个相对的概念，原来大得不得了的数据、复杂得不得了的数据，随着计算机系统存储和计算能力的提高，会变得越来越普通与平常。因此，数据科学在研究数据时，无须强调大数据的“大”，而是强调数据的多样性和数据价值的挖掘。

1.1.2 数据的特性

从数据类型维度的横向视角看，数据的特性体现在它的“4V”性上，即数据容量（Volume）、速率（Velocity）、多样性（Variety）及价值（Veracity）。

1. 容量

容量是指数据量的规模，数据量的规模呈持续增长趋势。目前，大数据一般指超过 10TB 规模的数据量，但未来随着技术的进步，符合大数据标准的数据集大小也会变化。大规模的数据对象构成的集合，称为数据集。

不同的数据集具有维度不同、稀疏性不同及分辨率不同（分辨率过高，数据模式可能会淹没在噪声中；分辨率过低，数据模式无从显现）的特性。数据集也具有不同的类型，常见的数据集类型包括记录数据集（是记录的集合，即数据库中的数据集）、基于图形的数据集（数据对象本身就是用图形表示的，且包含数据对象之间的联系）和有序数据集（数据集属性涉及时间及空间上的联系，用于存储时间序列数据、空间数据等）。

2. 速率

速率是指对数据采集、存储及分析具有价值的信息的速度。

3. 多样性

大数据包括多种不同格式和不同类型的数据。数据来源的多样性导致了数据类型的多样性。根据是否具有一定的模式、结构和关系，数据可分为三种基本类型：结构化数据、非结构化数据、半结构化数据。

4. 价值

低价值密度是指随着数据量的增长，数据中有意义的信息却没有成相应比例增长。价值与数据的真实性和数据处理时间相关。

根据“4V”特性，人们可对大数据进行界定，但大数据涉及的关键问题不在于如何定义，而在于如何提取有价值的数据。

1.1.3 数据价值与数据科学家

对大数据价值的发现主要分为以下三个流程：数据采集、预处理及导入、数据分析及挖掘。

数据科学家是指能采用科学方法、运用数据挖掘方法对复杂大量的数字、符号、文字、网址、音频或视频等信息进行数字化重现与认识，并能寻找新的数据洞察方法的工程师或专家（不同于统计学家或分析师）。

数据科学家是大数据时代最急需的人才，他们应具有宽广的视野，具有扎实的理论基础和技术实践功底。一个优秀的数据科学家需要具备的素质有：懂数据采集，懂算法，懂软件，懂数据分析，懂预测分析，懂市场应用，懂决策分析，等。

1.2 数据科学基础实践内容

1. 数据表示

计算机数据表示是指计算机系统能够辨认并进行存储、传送和处理的数据表示方法。本书所要讲述的数据表示相关内容是计算机系统如何在 Excel 软件中进行数据表示，在后续的章节中我们将进行系统的学习和训练。

2. 数据计算

数据计算是指计算机系统在某种计算模式下进行和实现的数据运算。本书所要讲述的数据计算相关内容是运用 Excel 的公式和函数功能实现数据计算，在后续的章节中我们将进行系统的学习和训练。

3. 数据分析

在当今信息爆炸的大数据时代，人们每天都面对着海量的数据，各行各业中越来越多的人从事与数据处理和分析相关的工作，大到商业组织的市场分析、生产企业的质量管理、金融机构的趋势预测，小到普通员工的考勤数据处理，大量的工作都依赖于对数据进行处理分析后形成的数据报告。

数据分析究竟能做些什么呢？从专业的角度来讲，数据分析是指用适当的统计方法对收集来的数据根据需要进行分析，以求理解数据并发挥数据的作用。数据分析工作通常包含四大步骤：需求分析、数据采集、数据预处理、数据分析。

（1）需求分析。

需求分析并没有那么神秘、深奥，简单地说就像裁缝做衣服之前，首先要了解客户的想法和需求，然后量好尺寸等，最后确定好目标和设计方案，真正做到“量体裁衣”。这个过程必须非常仔细，如果不能真正了解客户想要什么，就难以做出令客户满意的衣服。

（2）数据采集。

裁缝确定好目标和设计方案，完成了前期的需求分析之后，接下来就要开始采集原始数据（安排布料和辅料），保证它们的数量和质量都能满足需求，并为数据报告提供最基本的数据来源。

在具体应用中，数据的来源多样，如网站营运过程中服务器数据库中所产生的大量运营数据、企业进行市场调查获取的信息等。数据采集所要做的工作就是获取和收集这些数据，并集中、统一地保存在合适的文档中，以便进行下一步的数据预处理。

（3）数据预处理。

方案和布料都已准备妥当后，接下来裁缝就要根据设计图纸来裁剪布料了，将整幅布料裁剪成前片、后片、袖子、领子等用于后期缝制拼接的基本部件。布料只有经过一道道加工处理，才能用来缝制衣服。制作数据报告也是如此。采集到的数据要经过加工处理，才能形成合理的规范样式，用于后期的数据分析与计算。因此，数据预处理是整个过程中必不可少的中间环节，也是数据分析的前提和基础。对数据进行加工处理，可提高数据分析与运算的效率。反之，如果使用未处理过的数据，即使有时能进行分析与计算，也可能会得到错误的分析结果。

（4）数据统计分析与计算。

裁缝完成裁剪之后的主要工作是缝制和拼接等工序，按部就班地使用既定的方法就可实现既定的目标。同样，经过加工处理后的数据可用于数据统计分析与计算。我们运用一些专门的统计分析软件及数据挖掘技术，可对这些数据进行分析研究，从中发现数据之间的相关性及数据的内在关系和规律，获取有价值的信息。

数据分析过程需要进行大量的统计和计算，通常需要使用科学的统计方法和软件来实现，Excel 软件中就包含了大量的函数公式以及专门的统计分析模块来满足这些需求。

4. 数据可视化

裁缝缝制完衣服后，要向客户进行成果展现。裁缝展示的主要目的是展现衣服的穿着效果、鲜明的设计特点以及为客户量身定做的价值。

与此类似，数据分析最终要形成结论，这个结论要通过数据报告的形式展现给客户（决策者）。数据报告中的结论要简洁而重点突出，让人一目了然。在最终形成的报告中，表格和图形是两种常见的数据展现方式。通常，图形、表格的展现效果优于普通的数据表述。因此，使用图形、表格来展现更具有说服力。图表具有直观而形象的特点，可以把冗长变简洁、抽象变形象。例如，要展现一个公司经营状况的趋势性结论，使用一串枯燥的数字远不如使用柱形图排列更能说明问题。

5. 算法

算法（Algorithm）是指在有限步骤内求解某一问题所使用的一组定义明确的指令。简单地说，算法就是将问题分解为计算机可以处理的步骤。算法具有 5 个基本特性：输入、输出、确定性、有穷性和有效性。

（1）输入。

输入分为零个或多个输入。对于大多数算法来说，输入参数都是必要的（参数可来自键入、文件或网络）；但对于有些问题，如输出一个随机数序列，这样的算法不需要输入任何参数。

（2）输出。

输出分为一个或多个输出。要想确定问题是否被解决，算法必须有输出，没有输出的算法是没有意义的。输出的形式可以是返回一个或多个值，通过计算机屏幕显示，也可以把计算结果写入文件中。

（3）确定性。

算法的每一步骤都具有明确的含义，不会具有二义性。算法在一定条件下只有一条执行路径。

（4）有穷性。

算法在有限的步骤之后自动结束，而不会无限循环，并且每一个步骤在可接受的时间内完成。如果一组指令计算机需要算上若干年才会结束，那么它就不是一个算法。

（5）有效性。

算法中的每一个步骤都应该被有效地执行，并能得到一个明确的结果。

6. Python 编程

程序是计算机处理的数据和计算规则的描述，程序设计也是算法设计的基本工具。Python 是当今用来书写计算机程序设计最为流行的语言之一，是算法在计算机中具体实现的优秀工具。

7. 数据分析报告的编辑、排版工具

数据分析报告是对整个数据分析过程的归纳总结。一份高质量的数据分析报告是对项目进行可行性判断的重要依据。因此，数据分析报告的编辑与排版是我们必须学会的技能。本教材讲解的 Word 文档的编辑与排版的主要内容包括：字符格式与段落格式设置、格式刷的使用、样式设置、项目符号和编号设置、边框和底纹设置、分栏方法、页眉页脚设置、页面设置、图文混排方法、脚注与目录生成等。

8. 数据分析的其他辅助工具

Xmind 是一种近几年流行使用的知识数据图谱制作工具。数据图谱遵循大脑的思维模式，可以让人快速学习和掌握知识数据，帮助我们梳理数据信息，理解数据之间的关联。

Xmind 的界面非常美观，绘制出的思维导图很漂亮，功能丰富。Xmind 兼容 FreeMind 和 MindManager 数据格式，数据展现功能非常强大。

1.3 数据科学基础的教学目标与实验要求、实验要点

1.3.1 教学目标

数据科学基础教学是高校通识教育的重要组成部分，在学生综合素质、创新能力培养等方面发挥着重要作用。因此，正确认识数据科学基础的重要地位，以培养学生的“数据思维”“计算思

维”为教学的核心任务，并由此建设更加科学和有效的大学计算机基础课程体系和教学内容，是大学计算机基础课程体系中数据科学基础的教学目标。

教育部高等学校大学计算机课程教学指导委员会提出了数据科学基础教学四个方面的能力培养目标。

（1）对计算机中数据的认知能力，是指理解和掌握计算机中数据表示、数据计算以及数据分析的基本原理与方法。

（2）应用计算机解决数据问题的能力，是指能有效地掌握并应用计算机工具、技术和方法，解决专业领域中的数据问题。

（3）基于网络的学习能力，是指熟练掌握与运用计算机与网络技术，能够有效地对数据进行获取、分析、评价和吸收。

（4）依托信息技术的数据共享能力，是指掌握与运用计算机与网络技术，能够有效地进行数据表示、数据共享，数据传播。

1.3.2 实验要求

数据科学基础课程的教学实践是大学计算机课程教学的重要环节。通过实践，读者可巩固课堂讲授的理论知识并加深对理论知识的理解，获取应用所学理论知识独立分析、解决问题的能力。

在实验过程中，我们融入了数据思维和计算思维的训练。例如，第 2 章～第 5 章中丰富的实验案例，可以让读者在反复的练习中逐渐具备对数据的认知能力、对数据的计算与分析能力。在第 6 章～第 10 章中，我们引入了算法可视化工具 RAPTOR、Python 语言，并编写了大量的算法设计和编程实验，让读者通过算法设计与编程，逐步提高计算思维能力。

为达到教学目标，我们要求读者在每次实验之前，首先按要求认真阅读相关的理论知识，然后了解实验目的、实验内容，最后按相关操作方法进行实验。对某些实验，要求实验结束后撰写实验报告。

具体的实验过程因各实验目的、内容和难易程度的不同而有所不同，但大体上应遵循以下原则。

（1）根据本书中的基础知识提纲，读者要预习本次实验的理论知识，理解实验目的和方法，预习时应特别注意实验内容与理论知识间的联系，通过实验巩固相关的理论知识，然后通过实验验证这些理论知识。

（2）对实验操作中可能出现的异常现象，读者要分析原因并找出解决问题的方法。

（3）实验中，读者必须记录一些实验得到的结果，观察和记录运行结果。这样要求的目的是为了在实验报告中进行总结。

1.3.3 实验要点

通常完成一个完整的实验并真正有所收获，必须做好实验准备、实验操作、结果分析、问题解决、撰写实验报告等几方面的工作。

1. 实验准备

在实验前，根据实验目的和要求预先做好准备工作，包括复习实验中涉及的理论知识、查找相关资料、仔细阅读实验中所要使用的操作平台及软件工具的使用说明等。

2. 实验操作

在实验过程中，可参照本教材中的操作步骤进行实验，也可按自己的思路创新操作，但需做好原始记录，记录每个关键步骤及其结果。

3. 结果分析

对得到的结果，以小组讨论的方式进行分析。

4. 问题解决

对在实验中出现的疑难问题，不要轻易寻求帮助，应经过独立分析和思考后，再进行小组讨论，充分发挥团队之间的协同合作。

5. 撰写实验报告

撰写实验报告是五个实验要点中的关键，可以培养读者理论与实践相结合的能力。同时，它也是评判实验成绩的主要参考。实验报告要使用统一模板进行填写。

第2章 Excel 中的数据表示

Excel 中的数据表示包括数据在 Excel 中的数据类型、输入存储方式等内容。本篇主要内容包括 Excel 概述、Excel 中数据表示以及数据表示的基础实验。通过本章的学习，读者可以掌握 Excel 的基本操作，理解和掌握 Excel 中的数据类型、数据输入以及数据验证等。

2.1 Excel 概述及数据表示

2.1.1 Excel 概述

Microsoft Excel 2016 是微软公司推出的办公套件中的新版本，具有强大的数据处理和数据分析能力，广泛应用于经济、金融、财务、管理等领域。本小节主要介绍 Excel 的工作界面、主要功能。

Microsoft Excel 2016 的工作界面主要包括标题栏、“文件”按钮、功能区及编辑栏等元素，如图 2-1 所示。

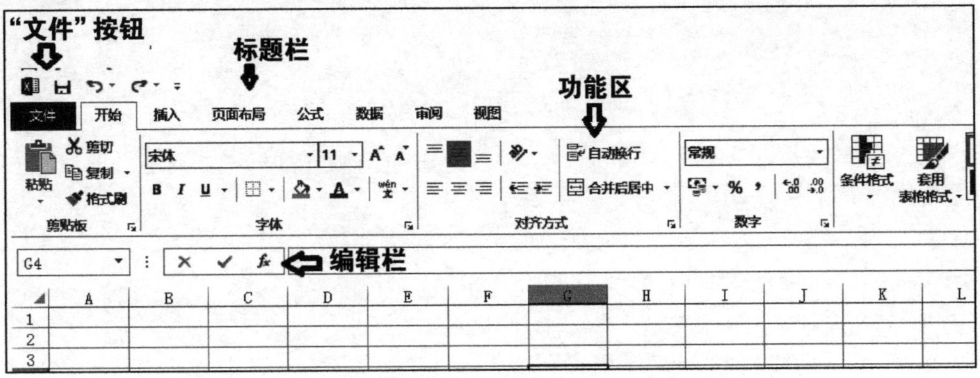

图 2-1　Microsoft Excel 2016 工作界面

1. 标题栏

标题栏位于工作界面顶部，由快速访问工具栏、标题及一些控制按钮组成，如图 2-1 所示。

快速访问工具栏位于 Excel 窗口的顶部，常用的命令会显示在快速访问工具栏中；在默认情况下，其包含“保存”“撤销”和“恢复”按钮。单击右侧的下拉按钮，会弹出“自定义快速访问工具栏”菜单；单击相应的选项，可调整快速访问工具栏的位置，也可以在快速访问工具栏中添加或删除命令。

2. “文件”按钮

单击“文件”按钮，会显示“文件”菜单，菜单中包含了“信息”“新建”“打开”“保存”“关闭”等与文件操作有关的命令。在菜单中选择“选项”命令，会弹出“Excel 选项”对话框，用户可根据喜好设置 Excel 工作环境。

3. 功能区

功能区包含多个选项卡，每个选项卡中的功能按钮根据其用途分为不同的组，以便更快地查找和应用所需要的功能，每组中又包含一个或多个用途类似的命令按钮。用户可通过单击“功能区显示选项”按钮，隐藏整个功能区，或者只显示选项卡而隐藏命令。

此外，还可能出现一些动态选项卡。例如，当选择“图表”对象时，将显示包含“设计”和“格式”选项卡的“图表工具”。

4. 编辑栏

编辑栏由名称框、命令按钮区、编辑框组成。编辑框的高度可以鼠标拖动的方式或单击编辑栏右侧的“展开/折叠”按钮调整，以便显示长内容。通过拖动名称框的拆分框（圆点），可以调整名称框的宽度，使其能够适应长名称。

名称框：用来显示活动单元格的地址或选定单元格区域、对象的名称。

命令按钮区：包括三个命令按钮，其中最左边的按钮是“取消”按钮，表示取消所输入的内容；中间的按钮是“输入”按钮，表示确认所输入的内容；最右边的按钮是“插入函数”按钮。

编辑框：用来显示和编辑活动单元格中的内容。

5. Excel 的主要功能

（1）表格功能。

Excel 提供了友好的界面，用户可轻松创建各种数据表格，编辑工作表和工作组，在表格中插入图片等对象。

（2）数据处理功能。

Excel 具有强大的计算和处理数据的能力，这主要依赖公式和函数来实现。掌握好了公式和函数，就能方便、快捷地运用这些工具进行数据处理。

（3）数据分析功能。

Excel 可对规范化的数据列表进行排序、筛选、分类汇总等数据分析操作。同时，用户也可与外部数据进行数据交换，可从数据库、文本文件、网站等处导入原始数据，经过数据清洗后进行数据挖掘与分析。另外，用户还可使用模拟运算表、单变量求解、规划求解等功能进行数据分析。

（4）数据展示功能。

在 Excel 中，用户可使用数据透视表或数据透视图对数据分析结果进行快速汇总和展示。数据图表也是数据展示的途径之一。

（5）Excel 2016 的新增功能。

① 即时分析数据功能。

Excel 2016 增加了“快速分析”工具，包括应用和清除条件格式、创建不同类型的图表、汇总计算、插入数据透视表、创建迷你图等，可即时预览效果。

如图 2-2 所示，选中数据区域 C3:C10，位于右下角的黑色小方块处会显示“快速分析”工具按钮。单击“快速分析”按钮，就可启动“快速分析”工具。当鼠标指针指向快速分析工具选项卡中的选项时，可实时预览效果；如果单击选项，即可完成相应的操作。

图 2-2 快速分析工具菜单

② 快速填充整列数据功能。

“快速填充”像数据助手一样，能自动识别出用户输入的实际数据的规律，一次性输入剩余数据。如图 2-3 所示，在 F 列中的“日”数据中，只需输入 15，然后单击“数据”选项卡中的“快速填充”工具按钮，系统将自动填充其他单元格中的日期数据。

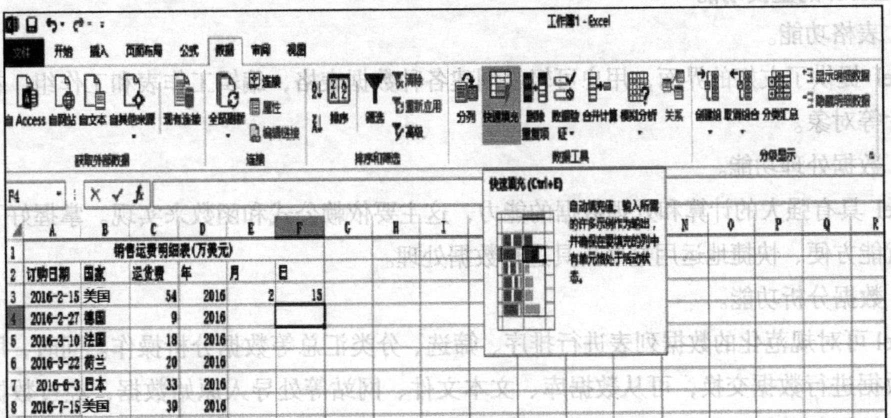

图 2-3 快速填充整列数据

2.1.2 数据表示

数据表示指数据的输入、存储与数据的验证等。Excel 中的数据表示都在 Excel 的工作表里进行。本小节首先介绍 Excel 中的数据存储方式，然后介绍数据类型，最后介绍数据输入和验证方法。

1. 单元格、工作表与工作组

（1）单元格是数据存储单元。

在 Excel 中用来存储并处理数据的文件，称为工作簿（Book），以“.xlsx”扩展名保存。它由若干个工作表（Sheet）组成。工作表由若干行和列组成，行和列的交叉形成了单元格。

单元格是构成工作表的最基本单位，也是存放 Excel 数据的单元。每个单元格用唯一的地址进行标识，称为单元格地址或单元格坐标。

在 Excel 中，需要对多个单元格进行操作时，首先需要选定这些单元格，称为选定单元格区域。选定单元格区域可以是连续的，也可以是不连续的。选定单元格常用到的键有 Shift（连续单元格）、Ctrl（不连续单元格）。工作表中相邻单元格构成的矩形称为区域。

（2）工作表的基本操作。

工作表的基本操作有插入、删除、重命名、移动或复制等。按鼠标右键单击工作表标签，会弹出工作表的快捷菜单，如图 2-4 所示。在快捷菜单中选择相应命令，可以非常方便、快速地对工作表进行操作。

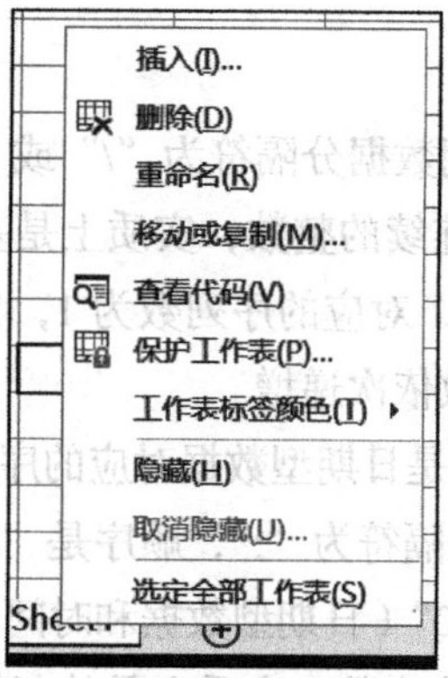

图 2-4 快捷菜单

插入与删除工作表、重命名工作表、移动或复制工作表等操作比较简单，只需用鼠标右键单击工作表，在弹出的快捷菜单中选择相应的操作即可。下面重点介绍 Excel 2016 中新增的工作组操作。

（3）工作组操作。

当用户需要对多个工作表的相同位置单元格进行相同的操作，如输入数据、设置格式等，可以把多个工作表组成一个工作组。

选定多个工作表的操作方法和在资源管理器中选择多个文件的方法类似。按住 Shift 键，可以选择位置上连续的工作表；按住 Ctrl 键，可以选择位置上不连续的工作表。当选定多个工作表时，标题栏中工作簿名称的右侧会出现“[工作组]”标记。

在工作表快捷菜单中，单击“取消组合工作表”命令，可以取消工作组。

2. 数据类型

Excel 的操作对象是数据，数据是分类型的。只有在工作表中准确地输入数据，才能用公式和函数进行正确的数据处理。Excel 中的数据类型分为数值型、日期和时间型、文本型、逻辑型。数据类型一般不需要事先定义，而是通过用户键入的数据内容自动确定，数据类型将会影响数据处理和数据分析的结果。

（1）数值型数据。

在 Excel 中，数值型数据是最为常见而重要的数据类型。数值型数据有如下两个特点。

① 默认情况下，数据在单元格中右对齐。

② 数据可以有多种显示格式。

数值型数据包含的符号有：数字 0～9，正负号"+""-"，小数点"."，科学计数法中的"E"或"e"，货币符号"$"或"¥"，百分号"%"，分隔符"/"，千位符","和圆括号"("或")"等。

输入数字的一些规则如下。

① 负数：带括号的数字被识别为负数。例如，输入"(3)"和"-3"都会被识别为负数。

② 分数：输入分数时，在整数与分数之间用空格隔开。整数部分为 0 时不可省略，否则会识别为日期。

③ 百分数：输入百分数时，需要在输入完数字后再输入"%"。

当数字的整数位超过 11 位时，系统将自动以科学计数法表示。数字的有效位数是 15 位，超过 15 位的部分被舍弃，用 0 代替。

（2）日期和时间型数据。

输入日期型数据时应注意：日期数据分隔符为"/"或"-"，日期顺序一般为"年-月-日"。在 Excel 中，将日期存储为一系列连续的整数，实质上是基准日期到指定日期之间天数的序列数，即以 1900 年 1 月 1 日为基准日，对应的序列数为 1，1900 年 1 月 2 日对应的序列数为 2，以此类推，日期型数据对应的序列数依次递增。

日期型数据参与运算时，实际上是日期型数据对应的序列数参与运算。

输入时间型数据时，应注意其分隔符为":"，顺序是"时:分:秒"。时间型数据有时也可以和日期型数据组合，如"2016/9/1　8:30"（日期型数据和时间型数据之间留有空格）。

在 Excel 中，时间型数据存储为小数，实质上是从起始时刻（午夜零点）到指定时刻之间的这一段时间在一天时间中的比例。时间型数据的范围为 0:00:00～24:00:00，对应 0～1 的小数，其中 0:00 对应于 0，24:00 对应于 1。例如，时间型数据 8:30 对应的小数可以用数学公式"=(8+30/60)/24"计算。

当时间型数据参与运算时，实际上是对应的小数参与运算。

（3）文本型数据。

文本型数据包括字符和汉字。非法的数值数据也被认为是文本数据，如 1889/3/1、3+4、8:30AM 等。

默认情况下，文本型数据在单元格中左对齐。输入数据时，在数字前面加单引号"'"，如"'44123456"，Excel 会将其转化为文本型数据，这种数据称为数字文本型数据。

有些数据必须保存为文本，如身份证号、银行卡号，因为数值型数据的有效位数为 15 位，超过 15 位将显示为 0。有些数据，如学号、手机号等，虽然长度不超过 15 位，但因为无须进行数学运算，所以一般都应保存为文本型数据，这和数据库中对这些数据的定义一致。

输入数字文本型数据时，除了输入时在数字前面加单引号（"'"）的方法外，还可在输入数据之前先选定空白单元格区域，设置数字格式为"文本"，再输入数据。在输入大批量数字文本型数据时，往往会采用第二种方法。

（4）逻辑型数据。

逻辑型数据只有两个值——TRUE 和 FALSE。默认情况下，逻辑型数据在单元格中居中对齐，并且自动显示为大写字母。在 Excel 的公式中，关系表达式的计算结果为逻辑值，如输入公式“=8>9”后所得的结果为 FALSE。逻辑值 TRUE 和 FALSE 在公式中作为数值 1 和 0 参与数值运算，因此，输入公式“=20+TRUE”后所得的结果为 21。

3. 数据输入

在 Excel 中输入的数据主要包括数值、文本、日期、数组及公式。其中，数值、文本、日期等数据的输入只要按其相应的数据类型，在单元格中直接输入即可。

在单元格中输入公式时，均要以“=”开头。

数组用一个区域来表示，其中每个单元格表示该数组的一个数。当一个区域中存放一个数组时，其中个别单元格的内容不能被单独改变。输入数组时，要先选定区域，在当前单元格中输入数组元素的公式，然后按 Ctrl+Shift+Enter 组合键即可。

向一个区域中输入数据时，可选定某一区域后在当前单元格中输入数据或公式，按 Ctrl+Enter 组合键即可。

当需要把批量数据输入工作表中时，我们通常采用以下两种输入方式。

（1）自动填充数据。

Excel 的自动填充功能可以用来快速填充有规律的数据。用户选择单元格或者单元格区域后，位于右下角的黑色小方块被称为填充柄，如图 2-5 所示。鼠标指向选中单元格的填充柄，当指针变成“实心十字”形状时，按住鼠标左键拖动至需要填充的单元格即可完成填充。

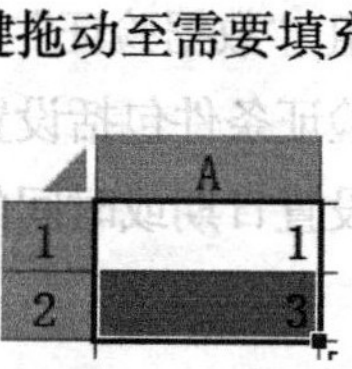

图 2-5　填充柄

而在某行或某列区域中自动填充一个序列时，可采用拖动或双击填充柄的方法来实现数据的快速填充，也可先自定义序列后进行填充柄的拖动操作。

拖动填充柄也可复制公式，复制公式的填充方式其实就是“复制单元格”。操作步骤如下。

① 在首个单元格中输入公式。

② 选择该单元格。

③ 按住鼠标左键拖动填充柄到区域中的目标单元格。

如公式中使用的是相对引用，公式复制的结果就是公式中引用单元格的地址发生了相应的变化。“公式的单元格地址引用”的相关内容，将在后续的章节中介绍。

Excel 2016 新增了一个快速填充功能，可根据用户输入的数据识别模式，一次性输入剩余数据。

（2）自定义序列。

尽管 Excel 提供了多种填充方式，可快速填充有规律的序列，但在实际应用中难免会遇到需要输入特殊序列的情况。例如，“学生选课名单”的列标题由学号、姓名、性别、专业、年级、班级等组成。当这种无规律的数据序列经常需要输入时，可把这种序列定义保存在系统中。Excel

系统提供了 11 种内置的自定义序列，打开“Excel 选项”对话框，选择“高级”类别，在右侧选项面板中单击“编辑自定义列表”按钮，弹出“自定义序列”对话框，用户就可看到系统提供的自定义序列。

创建自定义序列的方法有两种。

① 添加数据系列。

在“自定义序列”对话框中选择“新序列”，在“输入序列”框中输入每个序列项，输完一项后按 Enter 键或用“,”隔开，输入完所有项后单击“添加”按钮即可。

特别注意：Excel 中使用的标点符号必须全部是英文标点符号。

② 导入数据序列。

如在工作表的某单元区域中已输入了“自定义序列”，则可直接选取该区域后，打开“自定义序列”对话框，在“从单元格中导入序列”框中将自动显示区域坐标地址（绝对地址），单击“导入”按钮即可。

4. 数据验证

（1）设置数据验证条件。

在输入数据过程中不仅要求速度快，还需要精确度高。Excel 提供了相应的数据验证工具。使用数据验证工具后，在输入数据时不需要手工逐个验证数据的有效性，而是通过已经建立的选项栏进行数据类型选取，并可限制输入的数据及提示要输入的内容，并在输入错误时给出警告。

单击“数据”选项卡|“数据工具”组|“数据验证”按钮，会弹出“数据验证”对话框，在对话框中可以设置具体的数据验证条件。验证条件包括设置文本长度、设置数据的唯一性、设置下拉列表、设置整数或小数的验证条件、设置日期或时间的验证条件、设置输入提示信息以及出错警告等。

（2）圈释无效数据。

数据验证只能确保单元格中已设置数据验证条件后直接输入数据的有效性，对填充或复制的数据、已输入的数据和空白单元格是无效的。应用圈释无效数据功能可快速找到不满足数据验证条件的无效数据，并用红色圆圈将其圈出来。

单击“数据”选项卡|“数据工具”组|“数据验证”下拉按钮，在下拉菜单中选择“圈释无效数据”后，可应用圈释无效数据功能。

（3）复制数据验证。

数据验证实际上就是设立一个规则，符合规则的数据允许输入，不符合规则的数据是无效数据，不允许输入。在应用中，往往需要多次设置数据验证，因此，可复制数据验证。

在相邻区域中复制数据验证时，选中已设置好的数据验证单元格，直接拖动填充柄到目标区域，在“自动填充选项”下拉列表中，单击“仅填充格式”，可复制数据验证。

在非相邻区域中复制数据验证，选中已设置好的数据验证单元格进行复制，然后选择目标单元格区域，单击鼠标右键，在弹出的快捷菜单中单击“选择性粘贴”命令，在打开的对话框中选中“粘贴”栏中的“验证”单选按钮，即可在目标单元格区域中复制数据验证规则。

在“自动填充选项”下拉列表中，单击“仅填充格式”按钮，可复制数据验证。

2.2 数据表示基础实验

2.2.1 Excel 工作表的建立与数据的输入

1. 实验目的

（1）掌握如何建立 Excel 工作表。

（2）理解和掌握数据如何在 Excel 中表示。

2. 实验内容

打开 Excel 窗口，单击“快速访问工具栏”中的“保存”按钮，以“Ex221.xlsx”为文件名保存。

（1）选中工作表 Sheet1，输入表格标题，录入数据，参照图 2-6 所示。

① 在 A1 单元格中输入标题“2019 江南大学财务管理专业前 10 名学生入学成绩单”。

② 选中 A2 和 A3，将其合并后输入“学号”两字，以同样的方法将 B2 和 B3、C2 至 F2、G2 和 G3 合并后分别输入对应的文字，然后在 C3 至 F3 的单元格中分别输入四门学科的名称。

③ 在 A4 单元格中输入“数字文本数据”时，应在前面加上前导符“'”，然后用鼠标拖动 A4 单元格的填充柄至 A15。在 B4:B15 区域中分别输入姓名，在 C4:F15 区域中分别输入 4 科成绩。

④ 设置工作表格式。将 A1:G1 区域的单元格合并居中，且将标题设置为宋体 14 号大小，调整该行高度。把第 2 行、第 3 行中的文字居中，B4:B15 中的姓名分散对齐，C4:F15 区域中的成绩居中。为表格边设置图 2-6 所示的边框线。

⑤ 计算总分。在 G4 单元格中输入公式“=SUM(C4:F4)”，确认后双击单元格的填充柄，Excel 将自动复制 G4 单元格及以下各单元格的公式内容。

	A	B	C	D	E	F	G
1	2019江南大学财务管理专业前10名学生入学成绩单						
2	学号	姓名	高考各科目名称				总分
3			语文	数学	英语	综合	
4	2019050306	李宜纯	143	107	145	283	678
5	2019050307	杜立鹏	106	126	121	232	585
6	2019050308	张泽地	119	102	126	202	549
7	2019050309	胡鑫	137	113	144	200	594
8	2019050310	聂强	116	119	135	230	600
9	2019050311	马瑜昀	103	132	138	204	577
10	2019050312	王丽霞	120	134	129	246	629
11	2019050313	董惠文	139	124	109	283	655
12	2019050314	郭思雨	138	115	112	220	585
13	2019050315	闵宁	142	117	121	238	618
14	2019050316	陈欣茹	100	102	104	248	554
15	2019050317	李贝佳	103	147	141	285	676

图 2-6 学生入学成绩表

（2）选中工作表 Sheet2，输入图 2-7 所示的数据，具体操作步骤如下。

①“职工编号”为文本型数据，“参加工作时间”为日期型数据。

②“参加医保”为逻辑型数据，TRUE 表示参加了医疗保险，FALSE 表示未参加医疗保险。

③ “津贴工资”用公式计算，其金额为基本工资的 3/7，四舍五入后保留整数。

④ 四舍五入的函数为：ROUND(number,num_digits)。

⑤ “医保扣费”用公式计算，其计算规则为：参加了医保者按基本工资与津贴工资之和的 2% 缴纳，四舍五入后保留整数；未参加医保者不缴纳。

⑥ 条件函数为：IF(logical_test,value_if_true,value_if_false)。

⑦ 在 A1 单元格输入“BH 公司工资表”后，选定区域 A1:I1，将其设置为“合并后居中”。

⑧ 职工编号为一组序列，先在单元格 A3 中输入“申旺林”的职工编号“2701001”，之后可以利用填充柄自动输入其余的职工编号。

⑨ “姓名”“性别”“参加工作时间”“基本工资”和“参加医保”为原始数据，要求手工逐个输入。

“津贴工资”“医保扣费”“实发金额”用公式计算，输入时通过复制操作完成。

	A	B	C	D	E	F	G	H	I
1	BH公司工资表								
2	职工编号	姓名	性别	参加工作时间	基本工资	津贴工资	参加医保	医保扣费	实发金额
3	2701001	申旺林	男	1986/3/21	¥5,100.00	¥2,186.00	TRUE	¥146.00	¥7,140.00
4	2701002	李伯仁	男	1992/7/3	¥3,900.00	¥1,671.00	FALSE	¥0.00	¥5,571.00
5	2701003	陈　静	女	2009/10/25	¥2,300.00	¥986.00	TRUE	¥66.00	¥3,220.00
6	2701004	魏文鼎	男	2010/5/16	¥1,600.00	¥686.00	TRUE	¥46.00	¥2,240.00
7	2701005	吴　心	女	1997/12/9	¥2,900.00	¥1,243.00	FALSE	¥0.00	¥4,143.00

图 2-7　样本表

2.2.2　Excel 工作表的建立与图表的基本操作

1. 实验目的

（1）掌握如何建立 Excel 工作图表。

（2）掌握图表的基本编辑操作。

2. 实验内容

打开工作簿文档“Chart-ex.xlsx”，完成下列操作并保存。

① 根据区域 Sheet1!A1:E7 中的数据，建立内嵌于工作表 Sheet1 的图表，如图 2-8 所示。其中图表标题的字号为 16，在底部显示图例。

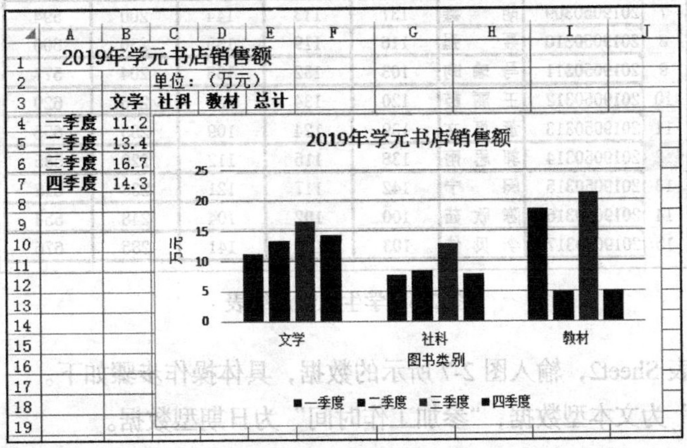

图 2-8　柱形图表

② 根据区域 Sheet1!A1:E7 中的数据，创建一个反映“总计”数据的圆饼图，独立放置在工作表 Chart1 中，并对图表元素的格式进行适当的设置，如图 2-9 所示。注意：在选取作图数据时，不应包括第 1 行和第 2 行的数据。

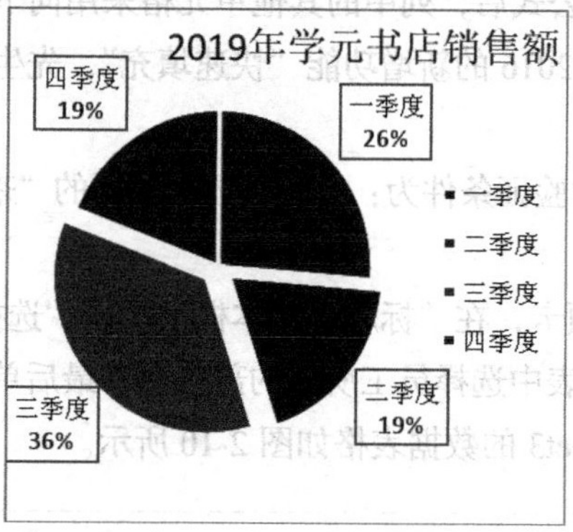

图 2-9　圆饼图

2.2.3　Excel 数据输入与数据验证实验

1．实验目的

（1）理解并掌握数据的含义和数据如何表示。

（2）掌握数据验证的基本操作。

2．实验内容

（1）工作组操作。在 Excel 窗口中打开工作簿文件“Ex223.xlsx”，选定工作簿中的两张工作表 Sheet1、Sheet2 为工作组，完成以下操作。

① 在两张工作表中填写学号列，已知两张表中的学号均为连续递增的序列号。

② 采用单元格区域数据输入方法，运用函数 RAND()、INT()，在两张表中分别录入模拟成绩。其中语文、数学、英语三门成绩应为整数值，取值范围为（80，150）；而综合成绩应为整数值，取值范围为（200，300）。

操作提示：鼠标单击“编辑栏”中的“插入函数”按钮 fx，弹出“插入函数”对话框，在“或选择类别(C)”的下拉列表框中选择“数学与三角函数”，然后在“选择函数”列表栏中分别查找到 RAND()、INT()两个函数，最后单击“有关该函数的帮助”，即可了解该函数的使用方法。

③ 把四门成绩的公式数转换为数值。本题需运用 Excel 中的选择性粘贴功能。

④ 在 G2 单元格中输入求和公式“=SUM(C2:F2)”后，快速填充两张表中的总成绩栏。

⑤ 在姓名列后面插入一空白列，列标题为出生年月。参考步骤②的方法，在新插入列的 C2 单元格中输入相应的公式后，用鼠标双击填充柄，即可得到该列的出生年月的模拟数据。注意：该列公式所得数值须转换为数值型，然后再转换为日期型。出生年月的取值范围为[1997-1-1,1999-12-31]。

⑥ 鼠标单击 Sheet1，取消组合工作组。

（2）鼠标单击 Sheet3，进行数据验证。

① 自定义序列。导入 B 列中各个员工的姓名，作为新序列保存在系统中。

② 设置数据验证条件。

a. 假定员工编号的长度不超过 6 位，然后对员工进行编码。编码规则：按“员工加入公司的年份值+流水号”进行，流水号的顺序依次按年、月、日递增排序后确定（要求在员工编号的第一个空白单元格中输入编码的公式后，列中的其他单元格采用向下拖动填充柄自动填充的方式生成数据）。提示：可使用 Excel 2016 的新增功能“快速填充”，先生成年、月、日的辅助列，依次排序后，再进行编码。

b. 设置“部门”数据列的验证条件为：序列，数据序列的“来源”是“行政部，财务部，技术部，销售部”。

c. 单击“输入信息”选项卡，在“标题”文本框中输入“选择员工所属部门”，在“输入信息”文本框中输入“从下拉列表中选择员工所在的部门!”，最后单击“确定”按钮。

③ 完成数据验证后的 Sheet3 的数据表格如图 2-10 所示。

	A	B	C	D	E	F
1	员工编号	姓名	性别	婚否	部门	加入公司时间
2	200813	李小红	女	TRUE	财务部	2008-6-13
3	200814	邓明	男	FALSE	技术部	2008-9-4
4	200402	张强	男	TRUE	行政部	2004-10-22
5	200401	郭台林	男	TRUE	技术部	2004-8-23
6	201319	谢东	男	FALSE	销售部	2013-6-18
7	201218	王超	男	FALSE	技术部	2012-3-18
8	200812	王志平	男	FALSE	财务部	2008-4-17
9	201117	曾丽	女	FALSE	销售部	2011-8-1
10	200504	赵科	男	TRUE	行政部	2005-8-22
11	200403	马光明	男	TRUE	销售部	2004-11-29
12	200607	李兴明	男	FALSE	行政部	2006-9-4
13	201016	赵明明	女	FALSE	销售部	2010-9-24
14	200709	孙继海	男	FALSE	行政部	2007-6-25
15	200605	黄雅平	女	TRUE	技术部	2006-5-12
16	200608	周武	男	TRUE	行政部	2006-9-4
17	200710	孙兴	男	TRUE	财务部	2007-8-22
18	200606	王雷	男	TRUE	技术部	2006-5-28
19	200915	李海梅	女	FALSE	销售部	2009-6-28
20	200711	张超	男	TRUE	技术部	2007-9-22

图 2-10 样本图

第 3 章 Excel 中的数据计算

数据计算是一种针对各种不同类型数据所采用的一种计算模式。在实际应用中，由于数据处理问题的复杂多样，单一的计算模式是无法满足不同计算需求的，Excel 中的数据计算是一种相对简单和常用的计算模式。

Excel 是数据计算最常用的工具，它通过引入 Excel 公式和函数来实现对基础数据的计算。本章的主要内容包括：数据计算要素介绍、数据计算实验以及利用“公式填充”实现简单递推计算。通过本章的学习，读者应掌握使用公式、函数及“公式填充”进行数据计算和简单的递推计算的方法。同时，由于 Excel 的计算过程是显示可见的，读者能更加便利、直观地理解和描述计算过程。

3.1 数据计算要素

Excel 中的数据计算要素包括常量、变量、运算符、表达式、公式、Excel 函数、数组以及单元格引用等。其中，常量、变量、运算符、表达式、公式通常被称为数据计算的基本要素，Excel 函数、数组以及单元格引用则进一步体现了数据计算的过程。

3.1.1 数据计算的基本要素

1. 常量

常量就是固定不变的数字、文本或逻辑值，包括数值常量、文本常量和逻辑常量，如 188、AAA、TRUE、FALSE。

2. 变量

变量的值可以随时发生改变，Excel 中的变量通常指的是一个单元格引用或区域引用。例如，公式“=A1+3”中 A1 是一个变量，是一个单元格引用，其值可以随时发生改变，而 3 是常量，值是不会变的。

单元格区域可以定义成一个变量。如在图 2-10 所示的数据表中，可把员工姓名的单元格区域 B2:B20 定义为一个区域名称“员工姓名”。利用名称管理器定义名称后，即可在公式或函数中直接引用。

3. 运算符

运用运算符可以对公式中的元素进行特定类型的运算。

（1）Excel 四种运算符。

Excel 包含以下四种类型的运算符。

① 算术运算符：+、−、*、/、^、%等。

② 比较运算符：=、>、<、>=、<=、< >。其用于比较两个数值，结果为逻辑值 TRUE 或 FALSE。

③ 文本运算符：&。其用于将两个文本连接起来，形成一个组合文本。

④ 引用运算符，如(B5:C10)。

（2）运算符优先级。

如果公式中同时有多个运算符，Excel 将按照一定的先后顺序进行运算。运算符优先级见表 3-1。对于同一级，则从公式等号开始按照从左到右的顺序进行运算。

4．表达式与公式

表达式是由常量、变量、函数以及运算符组成的式子。Excel 表达式由常量、单元格引用、函数和运算符组成，如 A1+3、2*A2 等。

“=”与 Excel 表达式连接并构成公式。Excel 表达式必须以公式形式体现和运行。例如，在单元格 A1 中输入“3+5”，就只是一个文本常量。要想使其成为一个 Excel 表达式且运行结果为 8，必须以公式的形式输入，即可在单元格 A1 中输入“=3+5”。

表 3-1　　运算符优先级

优先级	符号	说明
1	:	引用运算符
2	−	算术运算符：负号
3	%	算术运算符：百分比
4	^	算术运算符：乘幂
5	*、/	算术运算符：乘和除
6	+、−	算术运算符：加和减
7	&	文本运算符：连接文本
8	=、>、<、>=、<=、< >	比较运算符

3.1.2 单元格引用

单元格引用分为单个单元格地址引用和单元格区域地址引用。在公式移动或复制过程中，我们通常把被引用的单元格地址分为相对引用地址、绝对引用地址和混合引用地址。

（1）相对引用地址。

相对引用地址是指在公式移动或复制过程中，被引用的单元格地址随公式的位置变化发生变化。在实际应用中，单元格地址的列坐标和行坐标前不加任何修饰，如 A2。

（2）绝对引用地址。

绝对引用地址是指在公式移动或复制过程中，被引用的单元格地址不随公式的位置变化而发生变化。在实际应用中，人们会在列坐标和行坐标前分别加上“$”锁住参与运算的单元格，以便使它们不因公式的复制或移动而变化，如$A$2 即为绝对引用地址。

（3）混合引用地址。

混合引用地址是指在公式移动或复制过程中，被引用的单元格地址中的行坐标或列坐标中的一个不随公式的位置变化而发生变化，但另外一个却随公式的位置变化而改变。在实际应用中，混合引用地址的行坐标是绝对引用的，列坐标是相对引用的，或行坐标是相对引用的，列坐标是绝对引用的，如$A2 或 A$2。

3.1.3　数组与数组公式

1. 数组

数组与数组公式是两个不同的概念。所谓数组，就是由数据元素组成的集合。在 Excel 中，数组表现为一个单元格区域。作为数组的单元格区域可分为一维数组和二维数组，只含有一行或一列的数组称为一维数组（一维水平数组和一维垂直数组），否则就是二维数组。例如，一个二维 $M \times N$ 的数组指的是行（或水平）方向上有 M 个元素，列（垂直）方向上有 N 个元素，元素的个数 $M \times N$ 称为数组的尺寸大小。

2. 数组公式

（1）数组公式的定义。

数组公式就是包含数组的公式。在不能使用工作表函数直接得到结果时，数组公式就显得特别重要。数组公式本质上是多重运算。所谓多重运算，就是指一组数据与另一组数据之间的运算。应用数组公式也可对多组数据执行多重计算，并返回多个结果。

（2）数组公式的输入。

数组公式的输入步骤如下。

① 选定单元格区域。

② 输入数组公式。

③ 按 Ctrl+Shift+Enter 组合键。

上述三个步骤完成之后，系统会在选定的区域中自动生成公式内容，并且每一项内容均包含在一对大括号“{}”中。

（3）数组公式的应用。

在使用数组公式时，经常要用到数组常数。数组常数可以是一维的，也可以是二维的。一维数组可以是垂直的，也可以是水平的。一维水平数组中的元素用逗号分开，一维垂直数组中的元素则使用分号分开。

例如，一维水平数组“{10,20,30,40,50}”，一维垂直数组“{100;200;300;400;500;600}”。对于二维数组，用逗号将一行内各列的元素分开，用分号将各行的元素分开。例如，一个 4×4 的数组（由 4 行、4 列组成）为“{1,2,3,4;11,20,21,32;12,3,44,2;13,23,30,40}”。

3. 数组运算规则

数学中有向量运算，数组运算规则与向量运算规则很接近。因篇幅所限，本节仅讨论数组的加法运算，其他运算以此类推。

（1）单值与数组之间的运算。

单值可看成单个元素数组，可与一个数组运算，运算规则为单值与数组中的各个元素分别运算，最终返回与这个数组方向、尺寸大小一致的另一个数组。

（2）同方向一维数组之间的运算。

两个同方向的一维数组之间的运算为它们对应元素之间的运算。参与运算的两个数组要求具有相同的尺寸大小。如参与运算的两个数组尺寸大小不一，则两个数组有对应元素的部分能返回计算结果，其他部分返回错误值“#N/A”，如图 3-1 所示。

A	B	C	D	E	F	G
数组1		数组2		同尺寸		不同尺寸
1		10		11		11
2		20		22		22
3		30		33		33
4		40		44		44
5		50		55		55
6				{=A2:A6+C2:C6}		#N/A
						{=A2:A7+C2:C6}

图 3-1　同方向一维数组的运算

（3）不同方向一维数组之间的运算。

两个不同方向一维数组之间的运算，则没有尺寸大小的限制。如一个 M 行数组 1 与一个 N 列数组 2 的运算，则是数组 1 的每个元素分别与数组 2 中的每个元素运算，得到 $M \times N$ 个元素，结果为 $M \times N$ 的数组，如图 3-2 所示。

	A	B	C	D	E	F	G	H	I
1	数组1		数组2	10	20	30	40	50	
2	1			11	21	31	41	51	
3	2			12	22	32	42	52	
4	3			13	23	33	43	53	
5	4			14	24	34	44	54	
6	5			15	25	35	45	55	
7	6			16	26	36	46	56	
8									
9				公式:	{=A2:A7+D1:H1}				

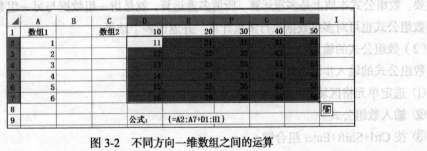

图 3-2　不同方向一维数组之间的运算

（4）一维数组与二维数组之间的运算。

当一维数组与二维数组的某行或某列具有相同的尺寸时，则可返回正确的结果。如不满足这个条件，则在一维数组的方向上差异部分返回错误值“#N/A”。

（5）二维数组之间的运算。

两个二维数组之间的运算按尺寸较小的数组所有元素进行一一对应的运算，并返回两个数组中尺寸较大的数组。如果两个数组的尺寸完全相同，则全部返回正确的运算结果，否则仅两个数组中较小尺寸方向元素个数运算区域可以返回正确的运算结果，超出部分均返回错误值“#N/A”。

3.1.4　函数

函数是系统内部预先定义好的特殊公式，Excel 强大的计算功能很大程度上依赖于函数。利用 Excel 的函数功能，可以进行加、减、乘、除等简单的数学运算，也可以操作文本和字符串，还可以完成财务、统计和科学计算等复杂计算。函数的一般形式为：函数名(参数 1,参数 2,…)。

我们可以从以下 3 点来理解函数的含义。

（1）函数名代表该函数的功能和类型。

（2）参数的个数和类型。一般情况下，一个函数中的参数类型是确定的，参数的形式可以是常量、单元格地址、区域地址、数组和表达式等。

（3）给定参数后，函数必须返回一个有效值。

我们可以用以下两种方式输入函数。

（1）在“插入函数”对话框中进行输入。

（2）在“编辑栏”中直接输入。套用某个现成公式或输入一些嵌套关系复杂的公式时，利用编辑栏输入更加快捷。

Excel 提供了丰富的函数，按功能分类可分为数学函数、统计函数、日期函数、条件函数、数据查找和引用函数、金融函数、数据库函数等。

1. 数学函数

（1）计数函数 COUNT(value1,value2,…)：返回计算区域中包含数字的单元格个数。

（2）平均值函数 AVERAGE(number1,number2,…)：返回计算区域内所有数值单元格中数值的算术平均值。

（3）最大公因数 GCD(number1,number2,…)：返回多个数的最大公因子。

（4）求余数函数 MOD(number,divisor)：返回两数相除后的余数。

（5）随机函数 RAND()：返回一个 0～1 的随机数，括号内无参数。如返回一个[*a*,*b*)的随机整数，可输入公式“=a+INT(RAND()*(b-a))”。

（6）四舍五入函数 ROUND(number,num_digits)：对“number”做四舍五入运算，保留“num_digits”位小数。其中，“num_digits”可以是负数。

2. 统计函数

（1）条件计数函数 COUNTIF(range,criteria)：对满足条件的单元格进行计数。括号内的参数分别为计数区域和计数条件。

（2）条件求均值函数 AVERAGEIF(range,criteria,average_range)：返回某个区域内满足给定条件的所有单元格的平均值。“range”是必选项，它是包括“criteria”在内的一个或多个单元格区域或引用。“criteria”是必选项，它是一个条件比较式，如“>=2”“2”等。“average_range”是可选项，用于定义计算平均值的单元格区域，如缺省，则使用“range”替代。

（3）频率分布函数 FREQUENCY(data_array,bins_array)：以一列垂直数组返回某个区域中数据的频率分布。“data_array”是用来计算频率的一个数组或对数组单元格区域的引用。“bins_array”是数据段点区域，为一个数组或对数组区域的引用，设定对“data_array”进行频率计算的分段点。因为计算结果是一个数组，故公式输入完后必须按 Ctrl+Shift+Enter 组合键。

（4）数据排位函数 RANK(number,ref,order)：返回“number”值“ref”中的排名。“number”为要排名的数值或单元格；“ref”为数值列表的数组或引用；“order”为可选项，如缺省或值为零，即为降序，值为非零即升序。

3. 日期函数

（1）指定日期函数 DATE(year, month, day)：用来显示序列数或日期的函数。

（2）系统日期函数 TODAY()：返回日期格式的当前日期。

4. 条件函数

（1）IF(logical_test,value_if_true,value_if_false)：条件函数可通过设置的条件进行逻辑判断。

根据判断条件的真假，自动选择不同表达式进行计算。

（2）把 IF 函数的“真”或“假”参数嵌套在另一个 IF 函数中，可实现多种分支操作。

5. 数据查找与引用函数

（1）引用查询函数 MATCH(lookup_value,lookup_array,match_type)：在指定方式下返回与指定数值匹配的数组元素的相应位置。“lookup_value”为需要在数据列表中查找的数据，它可以是数值、文本、单元格引用。“lookup_array”是可能包含所要查找数据的连续单元格区域。“match_type”的数值为-1、0、1。

（2）引用查询函数 OFFSET(reference,rows,cols,height,width)：通常与 MATCH 函数一起使用，以指定的引用为参照系，通过给定偏移量得到新的引用。

（3）普通查找函数VLOOKUP(lookup_value,table_array,col_index_num,[range_lookup])：用于在数据列表或数组的首列查找指定的数值所在行，并返回该行中对应“col_index_num”列的数值。

6. 金融函数

（1）计算利息函数 IPMT(rate,per,nper,pv,fv,type)：基于固定利率及等额分期付款方式，返回投资或贷款在某一给定期限内的利息偿还额。参数“rate”为各期利率，“per”为用于计算利息额的期数（介于 1～nper），“nper”为总投资期，“pv”为现值（本金）、“fv”为未来值（最后一次付款后的现金余额，如果缺省，则假设其值为 0），“type”用于指定各期的付款时间是期初还是期末（1 为期初，0 为期末，一般可缺省）。

（2）计算本金与利息总额函数 PMT(rate,nper,pv,fv,type)：基于固定利率及等额分期付款方式，返回贷款的每期付款额。参数“rate”为各期利率。

（3）计算本金函数 PPMT(rate,per,nper,pv,fv,type)：基于固定利率及等额分期付款方式，返回贷款在某一给定期间内的本金偿还额。“rate”为各期利率。

7. 数据库函数

数据库函数的形式为“函数名(database,field,criteria)”。参数“database”是数据列表区域，包含字段名行。参数“field”是要计算的数据列，数据列在第一行必须具有标志项参数。“field”可以是文本，即两端带引号的标志项，如“姓名”或“职称”，“field”也可以是数据列表中列的位置处的数字：1 表示第 1 列，2 表示第 2 列等。参数“criteria”为包含一组条件的单元格区域。该单元格区域至少包含一个列标志和列标志下方用于设定条件的单元格，可包含多行和多列，称为条件区域，参阅 4.3.1 小节高级筛选条件区域的建立。

3.2 数据计算实验

3.2.1 数据计算基础实验

1. 实验目的

（1）掌握 Excel 公式的输入及公式中的单元格地址引用。

（2）掌握数据的基本计算。

（3）理解和掌握单元格引用。

2. 实验内容

在 Excel 中打开“Clt-ex.xlsx”文件，完成下列操作并保存。

（1）工作表 Sheet1 中的操作。

函数 $F(X,Y)$由以下数学表达式给出，在单元格区域 C2:C9 中输入相应的公式，根据 X、Y 的值求出 $F(X,Y)$的值（四舍五入后保留 2 位小数）。

$$F(X,Y)=\frac{X+Y+\sqrt{X^2+Y^4}}{XY} \tag{3-1}$$

可以使用幂运算和括号表示立方根运算，结果如图 3-3 所示。

	A	B	C	
1	X	Y	F(X, Y)	
2	87	61	0.05	
3	47	73	0.06	
4	48	61	0.06	
5	53	50	0.07	
6	94	77	0.04	
7	19	13	0.22	
8	67	18	0.09	
9	17	22	0.18	
10				
11				

图 3-3　Sheet1 工作表计算结果

（2）工作表 Sheet2 中的操作。

在单元格区域 D2:D9 中输入公式，使其结果为所在行左侧数据的一个备注，其中包含姓氏、称谓和生日，如 D2 单元格中的值为“郑女士的生日为 10 月 19 日”。在操作中，可以使用 LEFT 函数和 IF 函数，结果如图 3-4 所示。

	A	B	C	D	E
1	姓名	性别	出生日期	备注	
2	郑含因	女	1942/10/19	郑女士的生日为10月19日	
3	李海儿	男	1963/6/3	李先生的生日为6月3日	
4	陈静	女	1966/8/18	陈女士的生日为8月18日	
5	王克南	男	1965/4/23	王先生的生日为4月23日	
6	钟尔辉	男	1952/5/12	钟先生的生日为5月12日	
7	李智茵	女	1942/1/5	李女士的生日为1月5日	
8	李伯仁	男	1967/5/25	李先生的生日为5月25日	
9	陈醉	男	1976/3/25	陈先生的生日为3月25日	
10					
11					
12					

图 3-4　Sheet2 工作表计算结果

（3）工作表 Sheet3 中的操作。

① 在单元格区域 B1:B10 中输入公式，使每个公式的计算结果为：当其左边单元格中的值不小于 60 时取值为“Pass”，否则取值为“Fail”。

② 在 C1:C10 中输入公式，使每个公式的计算结果为：根据其左边 A 列单元格中的值不小于 80、小于 80 且不小于 60、小于 60 这三种情况，分别取值为“Good”“Pass”和“Fail”。

③ 在 F1 中计算 E1 中的时间是否为白天（早上 6 点至下午 6 点）。

④ 在 F2 中计算 E2 中的时间是否为工作时间（8 点至 12 点及 13 点至 17 点）。

在操作中，可以使用 IF 函数；当判断的条件超过两个时，可以嵌套使用 IF 函数，结果如图 3-5 所示。

	A	B	C	D	E	F
1	45	Fail	Fail		16:28	是白天
2	99	Pass	Good		12:25	非工作时间
3	60	Pass	Pass			
4	72	Pass	Pass			
5	81	Pass	Good			
6	91	Pass	Good			
7	86	Pass	Good			
8	63	Pass	Pass			
9	91	Pass	Good			
10	76	Pass	Pass			
11						
12						

图 3-5　Sheet3 工作表计算结果

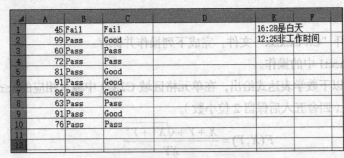

⑤ 将 E1 和 E2 单元格中的数据都改为“20:20”，观察 F1 和 F2 单元格中数据的相应变化。

（4）工作表 Sheet4 中的操作。

① 已知学生的总评成绩为平时、期中、期末乘以各自所占的比例后相加所得，在区域 E3:E12 中输入适当的公式（不得出现常量），计算每个学生的总评成绩。结果如图 3-6 所示。

E3　=B3*$B$1+C3*$C$1+D3*$D$1

	A	B	C	D	E	F	G
1	比例：	0.2	0.3	0.5			
2	姓名	平时	期中	期末	总评		
3	李伯仁	75	80	92	85		
4	王斯雷	75	85	81	81		
5	魏文鼎	70	71	75	72.8		
6	吴　心	75	73	55	64.4		
7	高展翔	85	73	61	69.4		
8	张　越	95	72	81	81.1		
9	宋城成	95	88	83	86.9		
10	丁秋宜	85	86	96	90.8		
11	伍　宁	95	90	67	79.5		
12	赵敏生	75	70	52	62		

图 3-6　Sheet4 工作表计算结果

② 将 B1、C1 和 D1 单元格中的数据分别改为 0.3、0.3 和 0.4，观察区域 E3:E12 中公式结果的相应变化。

（5）采用混合引用单元格地址完成工作表 Sheet5 中的操作。

① 在 A1 单元格中输入文本数据“九九乘法表”，跨列居中显示在单元格区域 B1:J1。

② 在单元格区域 A3:A11 中填充数值 1～9 后，复制到单元格区域 B2:J2，形成“九九乘法表”的行、列标题栏。

③ 在 B3 单元格中输入公式，然后向右拖动填充柄至 J3 单元格，最后向下拖动填充柄至 J11 单元格，完成“九九乘法表”。

3.2.2　数据统计实验

1. 实验目的

（1）掌握 Excel 的数据统计函数。

（2）熟练运用数据透视表进行数据统计。

（3）练习常用统计运算。

2. 实验内容

在 Excel 中打开“Tj-ex.xlsx”文件，完成下列操作并保存。

（1）工作表 Sheet1 中的操作。

根据单元格区域 A1:B31 中的数据，在 F2、F3、F4 和 F5 单元格中分别计算出人数、最高分、最低分以及平均分，可使用 COUNT、COUNTA、MAX、MIN、AVERAGE 等函数，结果如图 3-7 所示。

F2　=COUNTA(A2:A31)

	A	B	C	D	E	F
1	姓名	成绩				
2	郑含因	87			人数:	30
3	李海儿	67			最高分:	100
4	陈　静	72			最低分:	50
5	王克南	68			平均分:	78.46667
6	钟尔慧	100				
7	卢植茵	65				

图 3-7　计算结果（1）

（2）工作表 Sheet2 中的操作。

在单元格区域 J3:J11 中计算出各位歌手的最后得分，计算规则为去掉一个最高分和一个最低分后，计算其余评委所打分的平均分，四舍五入后保留两位小数，可使用 ROUND、SUM、MAX、MIN 等函数，结果如图 3-8 所示。

J3　=ROUND((SUM(B3:I3)-MAX(B3:I3)-MIN(B3:I3))/6,2)

	A	B	C	D	E	F	G	H	I	J
1	歌手大奖赛									
2	歌手号码	评委1	评委2	评委3	评委4	评委5	评委6	评委7	评委8	最后得分
3	A01	9.75	9.70	9.45	9.60	9.55	9.65	9.80	9.30	9.62
4	A02	9.55	9.90	9.50	9.95	9.70	9.05	9.35	9.45	9.58
5	A03	9.20	9.35	9.80	9.80	9.75	9.50	9.75	9.40	9.59
6	A04	9.15	9.00	9.80	9.35	9.75	9.80	9.70	9.50	9.54
7	A05	9.20	9.30	9.10	9.75	9.70	9.55	9.45	9.70	9.48
8	A06	9.95	9.20	9.00	9.90	9.35	9.80	9.00	9.85	9.52
9	A07	9.60	9.75	9.45	9.60	9.05	9.80	9.85	9.05	9.54
10	A08	9.60	9.90	9.65	9.40	9.10	9.55	9.95	9.85	9.66
11	A09	9.60	9.80	9.75	9.80	9.40	9.50	9.05	9.70	9.63

图 3-8　计算结果（2）

（3）工作表 Sheet3 中的操作。

根据单元格区域 A1:D184 中的数据，生成一个数据透视表，按学院统计男、女教师中不同职称的人数，并将数据透视表放在工作表 Sheet6 中，结果如图 3-9 所示。

	A	B	C	D	E	F
1						
2						
3	计数项:姓名	列标签				
4	行标签	副教授	讲师	教授	助教	总计
5	工学院	31	17	7	1	56
6	男	18	11	6	1	36
7	女	13	6	1		20
8	理学院	17	18	4		39
9	男	8	11	3		22
10	女	9	7	1		17
11	商学院	24	13	2	2	41
12	男	13	8	1	2	24
13	女	11	5	1		17
14	文学院	26	9	10	2	47
15	男	14	3	6	1	24
16	女	12	6	4	1	23
17	总计	98	57	23	5	183

图 3-9　计算结果（3）

（4）工作表 Sheet4 中的操作。

根据单元格区域 A2:C32 中的数据，使用数据透视表计算表 3-2 中的各项数据。首先生成数据透视表，然后单击“数据透视表”的“选项”工具按钮，进行相应的设置，如图 3-10 所示，结果如图 3-11 所示。

表 3-2　各队列的计算表格

队别	白虎	黑熊	雪豹	野狼
人数				
总进球数				
人均进球数				

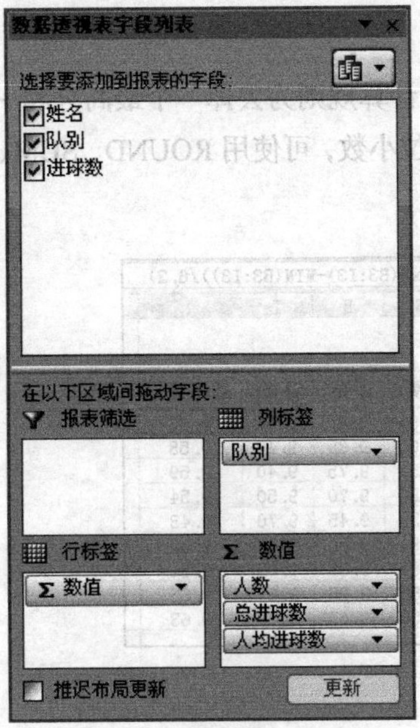

图 3-10　数据透视表设置

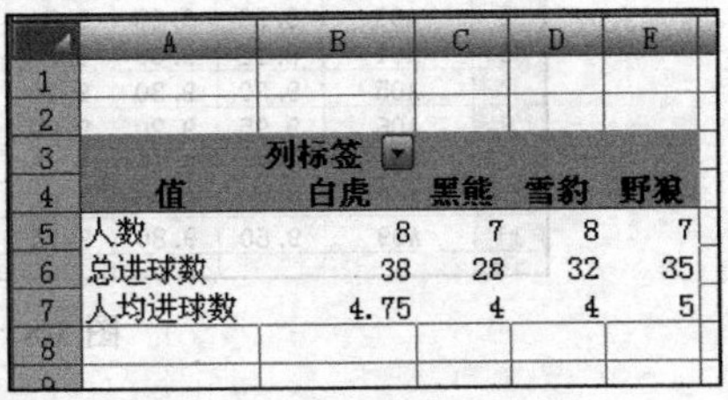

	A	B	C	D	E
1					
2					
3		列标签			
4	值	白虎	黑熊	雪豹	野狼
5	人数	8	7	8	7
6	总进球数	38	28	32	35
7	人均进球数	4.75	4	4	5
8					

图 3-11　数据透视表结果（1）

（5）工作表 Sheet5 中的操作。

根据单元格区域 A1:C12 中的数据，计算出男性最小年龄。建议使用数据透视表，结果如图 3-12 所示。

	A	B	C	D	E	F
1	姓名	性别	年龄			
2	郑含因	女	57			
3	李海儿	男	37		行标签	最小值项:年龄
4	陈　静	女	34		男	37
5	王克南	男	39		总计	37
6	钟尔慧	男	37			
7	卢植茵	女	35			
8	林　寻	男	52			
9	李　禄	男	55			
10	吴　心	女	36			
11	李伯仁	男	54			
12	陈　醉	男	40			

图 3-12　数据透视表结果（2）

3.2.3 数组公式应用实验

1. 实验目的

（1）掌握 Excel 公式的输入及公式中单元格地址引用的方法。

（2）掌握数组及数组公式的基本操作。

2. 实验内容

在 Excel 窗口中打开文件“Ex323.xlsx”，完成以下操作。

（1）选中工作表“九九乘法表”，用混合坐标引用完成 3.2.1 小节实验五中的“九九乘法表”。

（2）选中工作表“数组运算 1”，利用数组的乘法运算法则一次性输入“九九乘法表”中 81 个单元格中的数据，完成后与上述步骤（1）中的方法及结果进行比较。

（3）选中工作表“数组运算 2”，把 M1、M2、N1、N2 的数据放置在工作表各单元格区域，结果放在灰色区域中，并填写各数组公式的表达式。

① 计算 M1+M2、M1+N1。

② 计算 M2+N2。

③ 计算 N1+N2。

（4）选中工作表“订书单”，完成以下操作。

① 使用数组公式，一步计算出所有订书记录的订书额。

② 无须先计算每条订书记录的订书额，直接使用数组公式，在 F14 单元格中一步计算出全部订书记录的订书额总和。

③ 完成上述步骤后，试着在第七行后新增一条订书记录“011，广东外语大学，ISBN288，40，2100”。如不能，则如何操作才能新增该记录至原来的数据列表中？新增后原来的数组公式需要修改吗？如需要，如何修改才能保证计算数据的正确性？

3.2.4 应用数学函数的数据计算实验

1. 实验目的

（1）掌握 Excel 函数的运用。

（2）掌握运用 Excel 函数进行各种类型计算的方法。

2. 实验内容

在 Excel 窗口中打开文件“Ex324.xlsx”，完成以下操作。

（1）选中工作表“随机”，在 A1:G13 单元格区域中输入一组随机数，取值范围为 10～99 的整数。

（2）选中工作表“统计”后，完成以下操作。

① 将 F、G 列中的数据格式设置为人民币格式。

② 在 H2 单元格中输入求和公式，使用填充柄自动填充 H 列其他单元格中的数据。

③ 不借助 H 列数据，在 L13 单元格中输入数组公式，计算出全体人员的平均工资。

④ 在 L2:N5 单元格区域中计算列表中的教授、副教授、讲师和助教的人数、平均工资。

⑤ 在 L8:N11 单元格区域中计算文学院教授、副教授、讲师和助教的人数、平均工资。

（3）选中工作表“统计销量”，参照图 3-13 完成以下操作。

① 计算销量的最大值和最小值，应用 MAX 函数、MIN 函数。

② 计算销量的第二大值和第二小值，应用 LARGE 函数、SMALL 函数。

③ 计算销量的众数、中位数和平均值，应用 MODE 函数、MEDIAN 函数、AVERAGE 函数。

④ 计算销量的 25%、75%处的数据，应用 QUARTILE 函数。

⑤ 计算销量的标准偏差，应用 STDEV 函数。

	A	B	C	D	E	F	G	H	I
1	产品销量统计					产品销量指标分析			
2	日期	产品A	产品B	产品C		分析指标	产品A	产品B	产品C
3	2018-12-1	321	458	452		最大值	405	541	587
4	2018-12-2	350	498	364		最小值	261	157	267
5	2018-12-3	289	250	333		第二大值	397	498	452
6	2018-12-4	290	350	269		第二小值	289	159	269
7	2018-12-5	320	387	279		众数	289	#N/A	#N/A
8	2018-12-6	396	159	369		中位数	320.5	359	348.5
9	2018-12-7	405	287	587		平均值	331.8	345.5	362.3
10	2018-12-8	289	368	413		25%处数据	289.25	259.25	281.75
11	2018-12-9	261	541	267		75%处数据	384.5	440.25	402
12	2018-12-10	397	157	290		标准偏差	52.43154	133.0157	101.0864

图 3-13 “统计销量”工作表

（4）选中工作表“销量排名和分段统计”，统计结果如图 3-14 所示。

① 定义名称。选中 C2:C37 区域，在“公式”选项卡中定义“销售员”名称；采用同样方法，选中 B2:B37 区域，定义“销量”名称。

② 在 G4:G7、H4:H7 单元格区域分别统计各销售员的销量和销量排名，如图 3-14 所示。

③ 根据表中数据，在表格空白区域 F17:F24 中分别输入 200、300、400、500、600、700、800、900，创建“分段统计销量”区域。

④ 应用 FREQUENCY 函数进行分段统计，统计结果如图 3-15 所示。

⑤ 计算各销量段的次数比例（提示：在单元格 H16 中输入公式“=G16/COUNT(销量)”）。

销量统计与排名		
销售员	销量	销售排名
张雷	3771	3
郭东海	4062	2
王小青	3603	4
黄丽	4334	1

图 3-14 销量统计效果图

分段统计销量		
销量分段点	次数	比例
	2	5.56%
200	8	22.22%
300	8	22.22%
400	5	13.89%
500	8	22.22%
600	3	8.33%
700	1	2.78%
800	0	0.00%
900	1	2.78%

图 3-15 分段统计销量效果图

3.2.5 日期、逻辑函数的数据计算实验

1．实验目的

（1）掌握日期函数的应用。

（2）掌握逻辑函数的应用。

2. 实验内容及步骤

在 Excel 窗口中打开文件“Ex325.xlsx”，参照图 3-16 完成以下操作。

（1）在 C2 单元格中计算当前月份值。

（2）用数据验证方法在区域 C4:C23 中填充员工所属部门，在区域 G4:G23 中填充员工的职务。

（3）在 H4:H23 单元格区域、I4:I23 单元格区域中分别计算员工的年龄和工龄。

（4）根据员工的职务级别计算级别薪酬：总经理 16000 元、副总经理 12000 元、主管及会计为 8000 元、其他为 4000 元。

（5）员工应缴社保金额按员工级别薪酬的 10%计算。应扣税计算公式：级别薪酬与业绩薪酬的总额，超过 12000 元按总额的 10%计算，[8000 元,12000 元]按总额的 6%计算，[5000 元,8000 元）按 3%计算，低于 5000 元不扣税。

（6）设置 J 列～N 列数据格式为“会计专用”格式，计算员工当月薪酬总额。

（7）在小计行中分别计算公司本月应缴社保总额、扣税总额及薪酬发放总额。

（8）在统计栏目中分别统计公司平均薪酬、各部门平均薪酬。

	A	B	C	D	E	F	G	H	I	J	K	L	M	N
3	员工编号	姓名	部门	性别	出身日期	工作时间	职务	年龄	工龄	级别薪酬	业绩薪酬	应缴社保	应扣税	本月薪水
4	199501	李小红	行政部	女	1975-7-4	2004-8-1	总经理	41	8	¥16,000	¥14,461	¥ 1,600	¥ 3,046	¥ 25,815
5	199502	邓明	技术部	男	1978-2-5	2005-8-1	副总经理	32	8	¥12,000	¥12,005	¥ 1,200	¥ 2,401	¥ 20,405
6	199503	张强	行政部	男	1979-1-21	2006-8-1	主管	31	12	¥ 8,000	¥ 3,000	¥ 800	¥ 660	¥ 9,540
7	199504	郭台林	技术部	男	1981-2-23	2007-8-1	技术员	32	12	¥ 4,000	¥ 8,227	¥ 400	¥ 1,223	¥ 10,604
8	199505	谢东	业务部	男	1982-7-21	2008-8-1	业务员	34	3	¥ 4,000	¥ 7,464	¥ 400	¥ 688	¥ 10,376
9	199506	王超	业务部	男	1983-12-16	2009-8-1	主管	39	4	¥ 8,000	¥ 9,098	¥ 800	¥ 1,710	¥ 14,588
10	199507	王志平	行政部	男	1985-5-12	2010-8-1	会计	40	8	¥ 8,000	¥ 3,000	¥ 800	¥ 660	¥ 9,540
11	199508	曾丽	业务部	女	1986-10-7	2011-3-1	业务员	39	5	¥ 4,000	¥ 3,771	¥ 400	¥ 233	¥ 7,138
12	199509	赵科	业务部	男	1988-3-3	2011-8-1	业务员	28	11	¥ 4,000	¥ -780	¥ 400	¥ -	¥ 2,820
13	199510	马光明	技术部	男	1988-3-29	2012-1-1	技术员	24	12	¥ 4,000	¥ 380	¥ 400	¥ 131	¥ 3,849
14	199511	李兴明	技术部	男	1988-4-24	2012-6-1	技术员	29	10	¥ 4,000	¥ -953	¥ 400	¥ -	¥ 2,647
15	199512	赵明明	业务部	女	1988-5-20	2013-3-1	业务员	25	6	¥ 4,000	¥ 238	¥ 400	¥ 127	¥ 3,711
16	199513	孙继海	业务部	男	1988-6-15	2013-6-1	业务员	31	9	¥ 4,000	¥ -800	¥ 400	¥ -	¥ 2,800
17	199514	黄雅平	业务部	女	1988-7-11	2013-9-1	业务员	30	10	¥ 4,000	¥ 4,097	¥ 400	¥ 486	¥ 7,211
18	199515	周武	业务部	男	1988-8-6	2014-3-1	业务员	24	10	¥ 4,000	¥ 3,840	¥ 400	¥ 235	¥ 7,205
19	199516	孙兴	业务部	男	1988-9-1	2014-9-1	业务员	26	9	¥ 4,000	¥ 1,283	¥ 400	¥ 158	¥ 4,725
20	199517	王雷	技术部	男	1988-9-27	2015-3-1	主管	35	10	¥ 8,000	¥10,000	¥ 800	¥ 1,800	¥ 15,400
21	199518	李海梅	业务部	女	1988-10-23	2015-9-1	业务员	40	7	¥ 4,000	¥ 2,153	¥ 400	¥ 185	¥ 5,568
22	199519	张超	业务部	男	1988-11-18	2016-3-1	业务员	30	9	¥ 4,000	¥ 3,260	¥ 400	¥ 218	¥ 6,642
23	199520	陈兵	业务部	女	1988-12-14	2017-9-1	业务员	27	8	¥ 4,000	¥ 1,135	¥ 400	¥ 154	¥ 4,581
24											小计	¥11,600	¥14,115	¥175,164
25		统计												
26			平均薪酬											
27		公司	¥ 8,758											
28		行政部	¥ 14,965											
29		技术部	¥ 10,581											
30		业务部	¥ 6,447											

图 3-16 公司员工薪酬发放表的效果图

3.2.6 文本数据处理和金融数据计算实验

1. 实验目的

（1）掌握 Excel 文本数据的查找方法和引用函数。

（2）掌握 Excel 金融函数。

2. 实验内容

在 Excel 窗口中打开文件“Ex326.xlsx”，完成以下操作。

（1）选中工作表“VLOOKUP1”，完成以下操作。

① 在单元格 D18 中输入学号，运用 MATCH、OFFSET 函数在单元格区域 A1:I15 中查找对

应学号的数学成绩，并显示在单元格 F18 中。

② 在单元格 D20 中输入学号，运用 VLOOKUP 函数在单元格区域 A1:I15 中查找对应学号的数学成绩，并显示在单元格 F20 中。

③ 比较①与②所运用的计算方法，分析 VLOOKUP 函数在应用过程中的优缺点，并说明 VLOOKUP 函数中的第 4 个参数“range_lookup”的含义。

（2）选中工作表“VLOOKUP2”，按不同税率计算个人所得税。

① 个人所得税=应纳税所得额×适用税率-速算扣除数。

② 应纳税所得额=工资-免征额，免征额是 5000 元。

③ 速算扣除数是指采用超额累进税率计税时，为简化计算应纳税额而计算出的一个数据，即用快捷方法计算税额时扣除的数额。

④ 提示：可应用 IF 函数及 VLOOKUP 函数计算个人所得税。

（3）张三向银行贷款 200 万元买房，年利率为 4.5%，计划在 20 年内以等额本息方式还清贷款，计算每年的还款额以及历年应还的本金、利息。选中工作表“银行贷款计算器”，把银行贷款金额、年利率、还款期限等原始数据输入工作表中，完成以下操作。

① 计算每年应还的本金。

② 计算每年应还的利息。

③ 应用 PMT 函数在单元格 F14 中计算每期本息合计还款额。

3.2.7 数据库函数实验

1. 实验目的

掌握 Excel 数据库函数的应用。

2. 实验内容

在 Excel 窗口中打开文件“Ex327.xlsx”，选中工作表“数据库函数应用”，完成下列计算。

（1）在 J1:J2 中建立条件区域，在单元格 M2 中运用数据库函数计算金融学院教师的平均工资。

（2）在 J4:K5 中建立条件区域，在单元格 M5 中运用数据库函数计算金融学院副教授的平均工资。

（3）在 J9:K11 中建立条件区域，在单元格 M10 中运用数据库函数计算金融学院和管理学院教师的平均工资。

（4）分别在 N2、N5 单元格中应用之前学习的统计函数验证步骤（1）、步骤（2）的计算结果。

3.3 利用“公式填充”实现简单递推计算

本节实验的目的利用工作表描述递推计算中的输入、处理、输出的全过程。其中，处理部分的描述主要针对循环结构的三要素：初始化、循环体、循环条件。利用“公式填充”实现单步执行，充分展现递推过程，使计算过程展现出真实感、亲切感。

本节基于课堂上讲解的数制转换、数的编码以及加法器的相关概念，结合在 Excel 中的递推计算，完成数制、编码的转换和全加器的计算过程。通过本节的实验训练，读者应具有如下能力。

（1）基本掌握循环实现递推计算的逻辑思路。

（2）对数制转换有清晰的理解。

（3）掌握数值编码的内涵。

（4）理解数值运算和逻辑运算之间的映射关系。

3.3.1　十进制数转换为二进制数实验

以 R 为基数的进制数 N 用多项式表示如下：

$$N = \pm\sum_{i=-m}^{n-1} a_i R^i \quad (3\text{-}2)$$

如 R=10，N=123，则多项式可表示为 $1\times10^2+2\times10^1+3\times10^0$。进制数间的转换主要是求出对应进制的数码 a_i，整数进制转换可用“求余法”迭代求出所有的 a_i，直到被除数等于 0 为止。

在 Excel 中打开“ExProc.xlsx”。选中工作表“十-二进制转换”（如图 3-17 所示），将 B2 单元格中的十进制正整数转换为二进制数，存放在 C 列的某单元格中。十进制数转换为文本格式的二进制数的算法描述见表 3-3。

	A	B	C	D
1	十进制正整数转换为二进制数			
2	十进制数	127		
3	商	余数	二进制数	继续求解吗
4	127			
5	63	1	1	继续求解
6				
7				
8				

图 3-17　十-二进制转换

表 3-3　　十进制数 N 转换为文本格式的二进制数 T 的算法

项目	算法	Excel 实现
① 输入	输入十进制正整数 N	在“$B$2”单元格中输入十进制正整数
② 初始化	T 为转换得到的二进制数（初值为""） 用 b 表示 N 对 2 的余数	在 A4 单元格中输入公式“=$B$2” 在 C4 单元格中输入公式“=""”（文本形式二进制表示） 在 B4 表示余数
③ 循环体	对 N 求 2 的余数存入 b 将 b 和 T 值合并产生新的二进制值，存入 T 将 N 除 2 的整数商存入 N	在 B5 单元格中输入公式“=MOD(A4,2)” 在 C5 单元格中输入公式“=B5 & C4” 在 A5 单元格中输入公式“=INT(A4/2)”
④ 循环条件及输出	如果 N=0，结束运算，T 就是解 否则，转③（递推计算）	在 D5 单元格中输入公式“=IF(A5 <> 0,"继续求解","结束")”，C 列就是解 选中 A5:D5 区域，向下拖曳（递推计算），直到 D 列单元格出现“结束”二字为止

3.3.2 十进制正整数转换为其他进制整数

若把进制也作为输入参数，可将十进制正整数转换为二进制数的算法通用化为能够转换为任意其他进制的整数。为实现这个目标，需要增加数符与十进制值的对照表。

选中工作表“十进制整数转换为其他进制整数”（如图 3-18 所示，以转换为二进制整数为例）。

	A	B	C	D	E	F	G	H
1	十进制正整数转换为其他进制整数							
2	进制			十进制数	127			
3	2	数值	对应数符	商	余数	数符	二进制数	继续求解吗？
4		0	0					
5		1	1					
6		2	2					
7		3	3					
8		4	4					
9		5	5					
10		6	6					
11		7	7					
12		8	8					
13		9	9					
14		10	A					
15		11	B					
16		12	C					
17		13	D					
18		14	E					
19		15	F					

图 3-18　十进制正整数转换为其他进制整数

（1）输入区域。

① 在$A$3 单元格中输入进制数。

② 在$B$4:$B$19 单元格区域指定十进制表示的数值。

③ 在$C$4:$C$19 单元格区域指定其他进制表示的数符。

④ 在$E$2 单元格输入要转换的十进制数。

（2）初始化区域。

① D4 表示商的初值。

② G4 表示进制值的初值。

（3）循环体区域。

① D5 表示目前为止还剩余的十进制商。

② E5 表示本次求得的十进制余数。

③ F5 表示本次求得的“$A$3”单元格内的进制数符。

④ G5 表示到目前为止求得的进制数。

（4）循环条件区域。

H 列表示循环条件。

（5）输出区域。

G 列表示转换的其他进制数。

十进制数 N 转换为文本格式的其他进制数 T 的算法描述见表 3-4。

表 3-4　　十进制数 N 转换为文本格式的其他进制数 T 的算法描述

项目	算法	Excel 实现
① 输入	输入十进制正整数 N 输入进制值 R（2-16） 输入十进制数值与其他进制数符对照表（常数）	在“$E$2”单元格中输入十进制正整数 在“$A$3”单元格中输入进制值（2～16） 在“$B$4:$C$19”输入十进制数值与其他进制数符对照表（常数）
② 初始化	T 为转换得到的 R 进制数（初值为""） b 表示 N 对 R 的余数	在 D4 单元格中输入公式“=$E$2” 在 G4 单元格中输入公式“=""”（文本形式二进制表示） E4 表示余数
③ 循环体	对 N 求 R 的余数存入 b 将 N 除 R 的整数商存入 N 查出 b 所对应的数符，该数符和 T 值合并产生新的 R 进制值存入 T	在 E5 单元格中输入公式“=MOD(D4, $A$3)” 在 D5 单元格中输入公式“= INT(D4/$A$3)” 在 F5 单元格中输入公式“= VLOOKUP(E5,$B$4:$C$19,2,FALSE)” 在 G5 单元格中输入公式“=F5 & G4”
④ 循环条件及输出	如果 N=0，结束运算，T 就是解 否则，转③（递推计算）	在 H5 单元格中输入公式“=IF(D5 <> 0,"继续求解","结束")”，G 列就是解 选中 D5:H5 区域，向下拖曳（递推计算），直到 H 列单元格中出现“结束”二字为止

3.3.3　十进制小数转换为其他进制小数

十进制小数转换为其他进制小数可采用“乘法取整”迭代求出 a_{-1}，a_{-2}，…，a_{-i} 的值。然而迭代后剩余的小数部分有可能永远不等于 0，因此，除了将迭代后的小数部分等于 0 作为终止条件外，还需要补充一个迭代终止条件，即当小数达到一定的位数后也终止迭代。这与十进制整数转换为其他进制整数相比，增加了一个输入参数：小数位数。

选中工作表“小数转换”（如图 3-19 所示，以转换为二进制数为例）。

	A	B	C	D	E	F	G	H	I
1				十进制小数转换为其他进制小数					
2	进制			十进制数	0.516				
3	2	数值	对应数符	小数	整数	数符	二进制数	小数位数	继续求解吗？
4	小数位数	0	0						
5	23	1	1						
6		2	2						
7		3	3						
8		4	4						
9		5	5						
10		6	6						
11		7	7						
12		8	8						
13		9	9						
14		10	A						
15		11	B						
16		12	C						
17		13	D						
18		14	E						
19		15	F						

图 3-19　十进制小数转换为其他进制小数

（1）输入区域。

① 在“$A$3”单元格中输入进制数。

② 在“$A$5”单元格中输入允许的小数位数。

③ 在"$B$4:$B$19"单元格区域指定十进制表示的数值。

④ 在"$C$4:$C$19"单元格区域指定其他进制表示的数符。

⑤ 在"$E$2"单元格中输入要转换的十进制小数。

（2）初始化区域。

① D4 表示小数的初值。

② G4 表示其他进制小数的初值（0.）。

③ H4 表示小数位数的初值 0。

（3）循环体区域。

① D5 表示迭代后的小数。

② E5 表示本次求得的十进制整数。

③ F5 表示本次求得的"$A$3"单元格所示的进制数符。

④ G5 表示到目前为止求得的其他进制小数。

⑤ H5 表示到目前为止求得的其他进制小数的位数。

（4）循环条件区域。

I 列表示循环条件。

（5）输出区域。

G 列表示转换为其他进制的小数。

十进制小数转换为其他进制小数的算法描述见表 3-5。

表 3-5　十进制小数转换为其他进制小数的算法描述

项目	算法	Excel 实现
① 输入	输入十进制正小数 *N* 输入进制值 *R*（2～16） 输入允许的小数位数 输入十进制数值与其他进制数符对照表（常数）	在"$E$2"单元格中输入十进制正小数 在"$A$3"单元格中输入进制值（2～16） 在"$A$5"单元格中输入小数位数（>0） 在"$B$4:$C$19"中输入十进制数值与其他进制数符对照表（常数）
② 初始化	*T* 为转换得到的 *R* 进制小数（初值为"0."） *b* 表示 *N* 乘 *R* 后的整数部分 *c* 表示小数位数，初值为 0	在 D4 单元格中输入公式"=$E$2" 在 G4 单元格中输入公式"="0.""（文本形式二进制表示） 在 E4 表示求得的整数 在 H4 单元格中输入公式"=0"
③ 循环体	将 *N* 乘 *R* 的整数部分存入 *b* 将 *N* 乘 *R* 的小数部分存入 *N* 查出 *b* 所对应的数符，将该数符和 *T* 值连接产生的新的 *R* 进制小数值存入 *T* 对 *c* 做"+1"运算后存入 *c*	在 E5 单元格中输入公式：根据进制数求积后取整数部分 在 D5 单元格中输入公式：根据进制数求积后取小数部分 在 F5 单元格中输入公式：根据 E5 的值查数符 在 G5 单元格中输入公式：将 F5 和 G4 连接产生新的小数 在 H5 单元格中输入公式：小数位数加 1
④ 循环条件及输出	如果 *N*=0 或者小数位数 *c* 已达最大值，结束运算，*T* 就是解 否则，转③（递推计算）	在 I5 单元格中输入公式：判断是"继续求解"还是"结束"，结束的条件是 D5=0 或 H5 = $A$5；G 列就是解 选中 D5:I5 区域，向下拖曳（递推计算），直到 I 列单元格出现"结束"二字为止

3.3.4　十进制整数转换为其他进制整数原码

至少有两个方面的理由可以说明数的表示和存储需要编码。

（1）存储数的空间永远不够：无论有多么大存储空间的计算机，其存储能力始终是有限的，并不能表达任意大或任意小的数。

（2）数符不够：计算机内部存储设备和计算设备能够处理的符号只有两个，一个表示 0，另一个表示 1，即二进制数制。然而，从按位表示数值的角度看，还应该需要用正、负号来表示正数和负数，用小数点位来表示实数，正号、负号、小数点标志都需要用相应的符号。

采用编码来表示计算机内的数可以有效地解决这些问题。

（1）数据位数定长：事先声明只能表示多少个数，如 *m* 个不同的数。对二进制数，可以映射为如八位表示、十六位表示、三十二位表示等，分别能表示不同数的个数是 2^8、2^{16}、2^{32}。

（2）编码：用不同段的数表示不同符号的数据。如表示八位二进制整数，可用$[0, 2^{8-1}-1]$表示 0 和正整数，数的范围对应[0, 127]；用$[2^{8-1}, 2^8-1]$表示−0 和负整数，数的范围对应[−0, −127]。

针对不同的需求可采用不同编码，以便相应的数据表示和数据计算。

原码是一种数的编码方式，它用一半较小的数来表示 0 和正整数，用另一半较大的数来表示−0 和负整数。对于 *R* 进制来说，如果有 *m* 个不同的表示状态，则原码表示如表 3-6 所示。

表 3-6　*m* 个不同状态的原码表示对应的数值范围

原码	数值
0	+0
1，2，…，*m*/2−1	1，2，…，*m*/2−1
m/2	−0
m/2+1，*m*/2+2，…，*m*/2+（*m*/2−1）	−1，−2，…，−（*m*/2−1）

例如，*R*=10，*m*=256，则 127 的原码是 127，−127 的原码是 255，−1 的原码是 129，−0 的原码是 128，−128 没有原码（不能表示）。

对二进制数，原码编码非常直观，高位为 0 的编码表示+0 和正整数，高位为 1 的编码表示−0 和负整数。原码做加减法运算有两个缺点：出现了一个不符合自然数的−0、不符合加减法运算规则。

不同进制之间的整数可以相互转换，不同进制之间用编码表示的数一样可以相互转换。本实验是将十进制整数转换为其他进制原码值，可先将十进制整数转换为相同范围的十进制原码，再转换为其他进制原码。将十进制原码转换为其他进制原码可以采用“整除求余”法进行迭代求解。

选中工作表“整数原码”（如图 3-20 所示，以转换为二进制原码为例）。

（1）输入区域。

① 在“$A$3”单元格中输入进制数。

② 在“$A$5”单元格中输入定长位数。

③ 在“$B$4:$B$19”中指定十进制表示的数值。

④ 在“$C$4:$C$19”中指定其他进制表示的数符。

⑤ 在“$E$2”单元格中输入要转换的十进制数。

（2）初始化区域。

① D4 表示商的初值，初值等于“$E$2”单元格内所示的十进制原码值。

② G4 表示其他进制原码的初值（如定长八位，初值为"00000000"）。

③ H4 表示递推次数的初值 0。

（3）循环体区域。

① D5 表示到目前为止还剩余的商。

② E5 表示本次求得的十进制余数。

③ F5 表示本次求得的“$A$3”单元格内所示的进制数符。

④ G5 表示到目前为止求得的其他进制原码。

⑤ H5 表示到目前为止的递推计算次数。

（4）循环条件区域。

I 列表示循环条件。

（5）输出区域。

G 列表示转换为其他进制的原码。

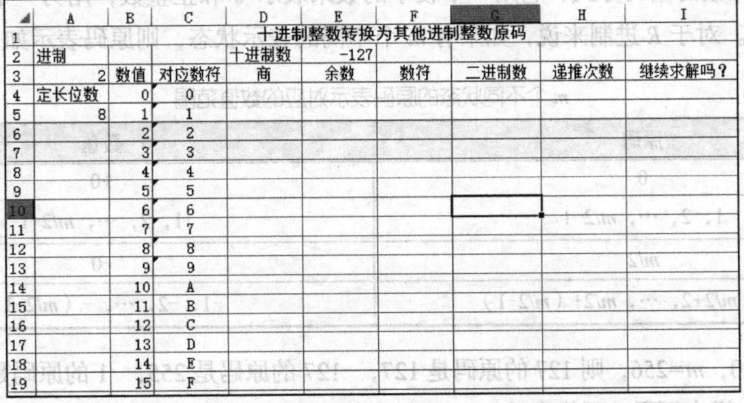

	A	B	C	D	E	F	G	H	I
1	十进制整数转换为其他进制整数原码								
2	进制			十进制数	-127				
3	2	数值	对应数符	商	余数	数符	二进制数	递推次数	继续求解吗？
4	定长位数	0	0						
5	8	1	1						
6		2	2						
7		3	3						
8		4	4						
9		5	5						
10		6	6						
11		7	7						
12		8	8						
13		9	9						
14		10	A						
15		11	B						
16		12	C						
17		13	D						
18		14	E						
19		15	F						

图 3-20　十进制整数转换为其他进制整数原码

采用“求商求余”法进行转换。如果是负数，先将其转换为正数对应的原码数，过程如表 3-7 所示。

表 3-7　　十进制整数转换为其他进制整数原码算法过程

项目	算法	Excel 实现
① 输入	输入十进制整数 N 输入进制值 R（2～16） 输入原码的定长位数 L 输入十进制数值与其他进制数符对照表（常数）	在“$E$2”单元格中输入十进制整数 在“$A$3”单元格中输入进制值（2～16） 在“$A$5”单元格中输入定长位数 在“$B$4:$C$19”中输入十进制数值与其他进制数符对照表（常数）
② 初始化	求 N 的十进制原码值存入 M（计算：如 N>=0，则原码是 N；否则，原码是 $R^L/2-N$ T 为转换得到的 R 进制数原码（初值为"0"*L） b 表示 N 对 R 的余数 递推次数 C 初值赋 0	在 D4 单元格中输入商的初值公式“=IF($E$2>=0,$E$2,($A$3^a5)/2-$E$2” 在 G4 单元格中输入初值公式“= REPT("0",$A$5)” E4 表示余数 在 H4 单元格中输入公式“=0”

续表

项目	算法	Excel 实现
③ 循环体	对 N 求 R 的余数存入 b 将 N 除 R 的整数商存入 N 查出 b 所对应的数符。该数符和 T 值根据递推次数合并产生新的 R 进制数原码，存入 T； 递推次数 C+1	在 E5 单元格中输入公式 “=MOD(D4, $A$3)” 在 D5 单元格中输入公式 “= INT(D4/$A$3)” 在 F5 单元格中输入公式 “= VLOOKUP(E5,$B$4:$C$19,2, FALSE)” 在 G5 单元格中输入公式，将求得的数符根据递推次数连接到给定的进制数中，计算公式为 “=REPLACE(G4,$A$5-H4,1,F5)” 在 H5 单元格中输入公式 “= H4+1”
④ 循环条件及输出	如果 N=0 或者递推次数达到定长位数值，结束运算，T 就是解 否则，转③（递推计算）	在 I5 单元格中输入公式 “=IF(and(D5 <> 0,H5<$A$5),"继续求解","结束")”，G 列就是解 选中 D5:I5 区域，向下拖曳（递推计算），直到 I 列单元格中出现 “结束” 二字为止

思考：当输入的十进制数超出表示范围，结果会如何？递推次数在转换过程中起什么作用？

3.3.5 十进制整数转换为其他进制整数反码

反码也是用一半较小的数来表示 0 和正整数，用另一半较大的数来表示−0 和负整数。与原码不同，负数的编码正好相反。对于 R 进制来说，如果有 m 个不同的表示状态，则反码表示如表 3-8 所示。

表 3-8 m 个不同状态的反码表示对应的数值范围

反码	数值
0	+0
1，2，…，m/2−1	1，2，…，m/2−1
m/2+（m/2−1）	−0
m/2，m/2+1，…，m/2+（m/2−2）	−（m/2−1），−（m/2-2），…，−2，−1

例如，R=10，m=256，则 127 的反码是 127，−127 的反码是 128，−1 的反码是 254，−0 的反码是 255，0 的反码是 0，−128 没有反码（不能表示）。

用固定位数表示数时，如八位二进制，256 个状态的排列形成一个环，即 0 的后面是 1，255 的后面是 0（0，1，2，…，254，255，0，1，2，…）。在反码编码中，这个环成为 128，129，…，254，255，0，1，2，…，126，127，128，129，…，对应数的排列为−127，−126，…，−1，−0，0，1，2，…，126，127，−127，−126，…。可见按数的大小排列和按编码值排列的顺序是一致的，这就满足了加减法运算规则，并将符号看成数值参与运算。反码有一个缺点：出现了一个不符合自然数的数−0。

对二进制数，反码编码可以在反码基础上完成，即反码的高位为 1 时，其他位求反运算。

本实验将十进制整数转换为其他进制反码值，可先将十进制整数转换为相同范围的十进制反码，再转换为其他进制反码。十进制反码转换为其他进制反码可采用整除求余，迭代求解的方法。

选中工作表“整数反码”（如图 3-21 所示，以转换为二进制反码为例）。

（1）输入区域。

① 在“$A$3”单元格中输入进制数。

	A	B	C	D	E	F	G	H	I
1	十进制整数转换为其他进制整数反码								
2	进制			十进制数	-1				
3	2	数值	对应数符	商	余数	数符	二进制数	递推次数	继续求解吗？
4	定长位数	0	0						
5	8	1	1						
6		2	2						
7		3	3						
8		4	4						
9		5	5						
10		6	6						
11		7	7						
12		8	8						
13		9	9						
14		10	A						
15		11	B						
16		12	C						
17		13	D						
18		14	E						
19		15	F						

图 3-21　十进制整数转换为其他进制整数反码

② 在“$A$5”单元格中输入定长位数。

③ 在“$B$4:$B$19”单元格区域中指定十进制表示的数值。

④ 在“$C$4:$C$19”单元格区域中指定其他进制表示的数符。

⑤ 在“$E$2”单元格中输入要转换的十进制数。

（2）初始化区域。

① D4 表示商的初值，初值等于“$E$2”单元格内所示的十进制反码值，即“$E$2>=0”，反码值=$E$2，否则，反码值=$A$3^($A$5)/2 + ($A$3^($A$5)/2-1)+$E$2。

② G4 表示其他进制原码的初值（如定长 8 位，初值为"00000000"）。

③ H4 表示递推次数的初值 0。

（3）循环体区域。

① D5 表示目前为止还剩余的商。

② E5 表示本次求得的十进制数值。

③ F5 表示本次求得的“$A$3”单元格内所示的进制数符。

④ G5 表示到目前为止求得的进制数原码。

⑤ H5 表示到目前为止的递推计算次数。

（4）循环条件区域。

I 列表示循环条件。

（5）输出区域。

G 列表示转换的其他进制反码。

采用“求商求余”进行转换。如果是负数，先将其转换为正数对应的反码数。算法过程如表 3-9 所示。

表 3-9　　十进制整数转换为其他进制整数反码算法

Excel 实现提示
① 在 D4 单元格中输入商的初值公式“=IF($E$2>=0,$E$2,$A$3^($A$5)+$E$2-1)” 在 G4 单元格中输入转换结果的初值公式“=REPT("0",$A$5)” 在 H4 单元格中输入递推次数的初值 0

续表

Excel 实现提示
② 在 D5 单元格中输入公式：根据进制数求商
③ 在 E5 单元格中输入公式：根据进制数求余
④ 在 F5 单元格中输入公式：根据余数求进制数符
⑤ 在 G5 单元格中输入公式：将求得的数符根据递推次数接入给定的进制数中
⑥ 在 H5 单元格中输入公式：计算递推次数
⑦ 在 I5 单元格中输入公式：判断是"继续求解"还是"结束" 选中 D5:I5 区域，向下拖曳（递推计算），直到 I 列单元格中出现“结束”二字为止

3.3.6 十进制整数转换为其他进制整数补码

补码用一半较小的数来表示 0 和正整数，用另一半较大的数来表示负整数。它与反码不同的是解决了-0 的问题，同时可以多表示一个负数。对于 *R* 进制来说，如果有 *m* 个不同的表示状态，则补码表示如表 3-10 所示。

表 3-10　　*m* 个不同状态的补码表示对应的数值范围

补码	数值
0	+0
1，2，…，*m*/2−1	1，2，…，*m*/2−1
m/2，*m*/2+1，…，*m*/2+（*m*/2−2），*m*/2 +（*m*/2−1）	−*m*/2，−（*m*/2−1），−（*m*/2-2），…，−2，−1

例如，*R*=10，*m*=256，则 127 的补码是 127，−127 的补码是 129，−1 的补码是 255，−0 没有补码（已经消除），0 的补码是 0，−128 的补码是 128。

在补码编码中，这个环成为 128，129，…，254，255，0，1，2，…，126，127，128，129，…，对应数的排列为-128，−127，−126，…，−1，0，1，2，…，126，127，−128，−127，−126，…。补码编码不仅可实现数的大小排列顺序与编码值排列顺序是一致的，消除了-0 问题，还增加了一个负数编码。这完全解决了符号的编码、参与加减法运算问题，并将减法运算也转换为加法运算予以实现。

对二进制数，补码编码可以在反码基础上完成，即反码的高位为 1 时，做“+1”运算。

本实验是将十进制整数转换为其他进制补码值，可先将十进制整数转换为相同范围内的十进制补码，再转换为其他进制补码。十进制补码转换为其他进制补码可采用“整除求余”法迭代求解。

选中工作表“整数补码”（如图 3-22 所示），在“$A$3”单元格中指定进制数，在“$A$5”单元格中指定转换后补码的位数，在“$B$4:$B$19”单元格区域指定十进制表示的数值，在“$C$4:$C$19”单元格区域指定其他进制表示的数符，在“$E$2”单元格中存放要转换的十进制数。

算法过程可参考 3.3.4 小节和 3.3.5 小节。

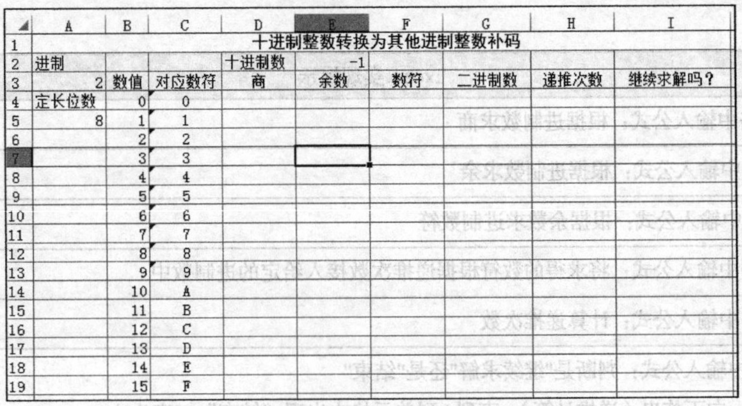

	A	B	C	D	E	F	G	H	I
1	十进制整数转换为其他进制整数补码								
2	进制			十进制数	-1				
3	2	数值	对应数符	商	余数	数符	二进制数	递推次数	继续求解吗？
4	定长位数	0	0						
5	8	1	1						
6		2	2						
7		3	3						
8		4	4						
9		5	5						
10		6	6						
11		7	7						
12		8	8						
13		9	9						
14		10	A						
15		11	B						
16		12	C						
17		13	D						
18		14	E						
19		15	F						

图 3-22　十进制整数转换为其他进制整数补码

3.3.7　全加器的计算推演

表 3-11 所示为两个二进制位（如 1 个加数位、1 个被加数位）相加的真值表。其中，A 是加数，B 是被加数，S 是和，C 是向高位的进位。

表 3-11　两个二进制位加法真值表

A	B	S	C
0	0	0	0
0	1	1	0
1	0	1	0
1	1	0	1

根据真值表，可以推得一位二进制半加器的逻辑表达式为：

$$S=A\oplus B$$

$$C=AB$$

表 3-12 所示是 3 个二进制位（如 1 个加数位、1 个被加数位、1 个低位进位）相加的真值。其中，A 是加数，B 是被加数，C_{i-1} 是来自低位的进位，S 是和，C_i 是向高位的进位。

表 3-12　三个二进制位加法真值表

A	B	C_{i-1}	S	C_i
0	0	0	0	0
0	0	1	1	0
0	1	0	1	0
0	1	1	0	1
1	0	0	1	0
1	0	1	0	1
1	1	0	0	1
1	1	1	1	1

根据真值表，可以推得一位二进制全加器的逻辑表达式为：

$$S=A\oplus B\oplus C_{i-1}$$

$$C_i=AB+C_{i-1}(A+B)$$

真值表体现的是加法运算规则。从逻辑代数的角度看，它也等价于一张逻辑真值表，进一步可表达为数字逻辑运算，并通过门电路实现运算。

本实验运用一个半加器、七个全加器级联构造一个八位加法器。运用 Excel 中的位逻辑运算函数 BitAND、BitOR、BitXOR，分别模拟与门、或门和异或门运算，完成加法器的运算。

选中工作表“全加器”，在 B8、B9 单元格中输入十进制数（由于只有八位运算，输入的数控制在[-128, 127]），在 K10:D11 单元格区域内填写公式，实现八位二进制加法运算，用 A10、B10 显示运算结果，如图 3-23 所示。

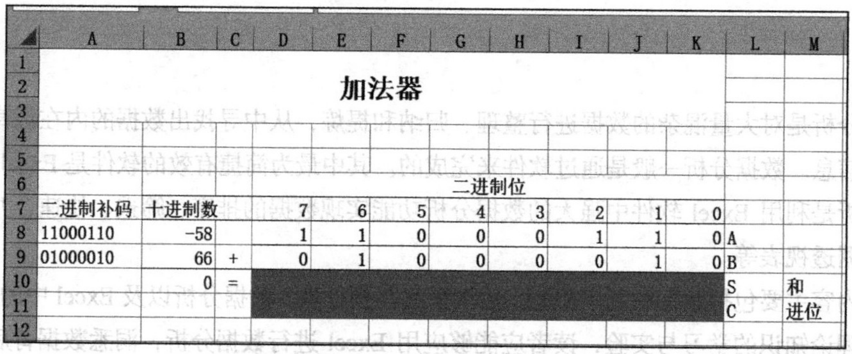
加法器
二进制位
二进制补码
十进制数
7 6 5 4 3 2 1 0
11000110
-58
1 1 0 0 0 1 1 0 A
01000010
66
+
0 1 0 0 0 0 1 0 B
0
=
S
和
C
进位

图 3-23　全加器的计算推演

第 0 位采用半加器真值表运算规则，其他位采用全加器真值表运算规则，如表 3-13 所示。

表 3-13　　模拟八位级联加法器运算提示

Excel 实现提示
① 在 K10 单元格中输入公式，实现半加器求和公式：加数和被加数分别是 K8、K9 K11 单元格中输入公式，实现半加器求进位公式：加数和被加数分别是 K8、K9
② 在 J10 单元格中输入公式，实现全加器求和公式：加数、被加数、低位进位分别是 J8、J9、K11 在 J11 单元格中输入公式，实现全加器求进位公式：加数、被加数、低位进位分别是 J8、J9、K11
③ B10 显示计算结果的十进制表示 A10 显示计算结果的二进制补码表示
④ 在 B8、B9 单元格中分别输入加数、被加数十进制值

思考：一个八位全加器级联的八位加法器，做 2 个正整数的加减运算。做加法运算时，加数、被加数可用原码表示，最低位进位值为 0；做减法运算时，加数依然可用原码表示，但被减数用什么码合适？最低位进位值又设为多少？

第 4 章 Excel 中的数据分析

数据分析是对大量混杂的数据进行整理、归纳和提炼，从中寻找出数据的内在规律，从而获得需要的信息。数据分析一般是通过软件来完成的。其中最为简捷有效的软件是 Excel。Excel 中的数据分析是利用 Excel 软件中强大的数据分析功能实现数据的排序、筛选、快速合并和提取以及制作数据透视表等。

本章内容主要包括数据的基本概念、数据采集与预处理、数据分析以及 Excel 中的规划求解。通过本章理论知识的学习与实验，读者应能够应用 Excel 进行数据分析，洞悉数据背后的逻辑，从而找出有价值的数据信息。

4.1 数据的基本概念

本节主要介绍数据分析中的一些数据名词，如字段、记录、数据表、数据列表等。

1. 字段与记录

字段可以理解为一个表中列的属性，而记录是表中由字段值构成的行。如图 4-1 所示，表中的工号、姓名、学历等是字段；而每列中的具体值，如工号列中的 0001、0002 等，姓名列中的 AAAA1、AAAA2 等为字段值。在表中，除字段行外，任意一行都称为 1 个记录。

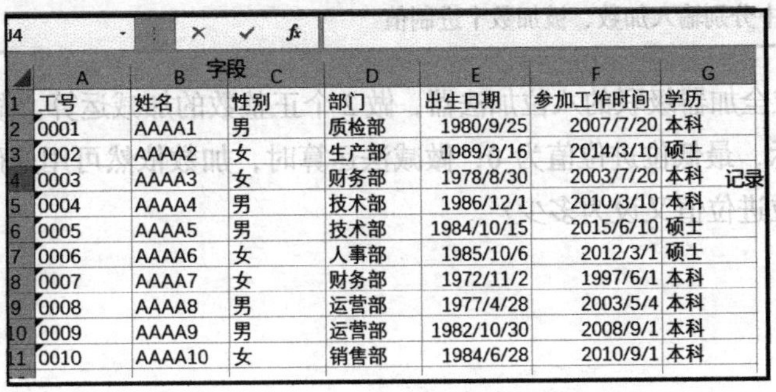

	A	B	C	D	E	F	G
1	工号	姓名	性别	部门	出生日期	参加工作时间	学历
2	0001	AAAA1	男	质检部	1980/9/25	2007/7/20	本科
3	0002	AAAA2	女	生产部	1989/3/16	2014/3/10	硕士
4	0003	AAAA3	女	财务部	1978/8/30	2003/7/20	本科
5	0004	AAAA4	男	技术部	1986/12/1	2010/3/10	本科
6	0005	AAAA5	男	技术部	1984/10/15	2015/6/10	硕士
7	0006	AAAA6	女	人事部	1985/10/6	2012/3/1	硕士
8	0007	AAAA7	女	财务部	1972/11/2	1997/6/1	本科
9	0008	AAAA8	男	运营部	1977/4/28	2003/5/4	本科
10	0009	AAAA9	男	运营部	1982/10/30	2008/9/1	本科
11	0010	AAAA10	女	销售部	1984/6/28	2010/9/1	本科

图 4-1 字段与记录

2. 数据类型

Excel 中的数据类型对应记录中字段值的数据类型。一个表中每一列数据的数据类型都是相同的。Excel 中最常用的数据类型有三类：数值（包括日期型）、文本和逻辑型。查看单元格或区域所在的数据类型，可单击鼠标右键，在弹出的快捷菜单中选择“设置单元格格式”，在弹出的对话框中可进行查看或重新设置。

3. 数据表

字段、记录和数据类型构成一张数据表。

数据表设计的是否合理直接影响后续数据处理的效率及深度。图 4-1 就是一张数据表，表中描述的是数据表设计的基本要求。

表 4-1 数据表设计的基本要求

序号	设计要求
1	数据表由标题行（字段）与数据部分（记录）组成
2	第一行是列标题，字段名不能重复
3	从第二行开始是数据部分，数据部分的每一行数据称为一条记录
4	数据部分不允许出现空行或空列
5	同一列数据的数据类型必须相同
6	数据表中没有合并单元格
7	数据表与其他数据之间至少留出一个空白行或空白列
8	原则上，数据表中每一个字段应具有唯一的含义

根据描述一个数据项的特征维数，数据表可分为一维表和多维表。判断数据表是一维表还是多维表的一种最简单的办法，就是看其每一列所表达的特征是否不可再分，是否是一个独立的特征。一维表的每一列都具有独立特征。如果表中有两列或多列具有同类特征，则此表是多维表。如表 4-2 所示，2015 年、2016 年都属于年份的范畴，两列数据用于描述不同年份的各省生产总值，具有同类特征，是典型的二维表，需转换成一维表。如表 4-3 所示，设置一个年份列和一个地区生产总值列，然后重新组织记录，即形成一维表。

表 4-2 二维表 （单位：亿元）

地区	2015 年	2016 年
广东省	87231	93212
浙江省	78234	94123
江苏省	76135	79145
江西省	45231	47831
湖南省	53214	57321
山东省	78900	83240
河南省	56329	67890
四川省	66789	68956

表 4-3 转换后的一维表

地区	年份	地区生产总值/亿元
广东省	2015	87231
广东省	2016	93212
浙江省	2015	78234
浙江省	2016	94123
……	……	……

4. 数据列表

（1）数据列表的特点。

数据列表是 Excel 工作表中的连续单元格构成的区域，它提供了比较强大的数据分析功能。但是，数据列表的数据管理功能比数据库管理软件弱，无法保证数据的完整性、一致性和安全性等。因此，在创建一个数据列表时，首先要确定标题行中的字段名，其次要按行或按列在指定单元格中输入数据列表中的数据。在输入数据过程中必须遵照数据列表的基本要求，否则，数据分析工作就无法完成，或分析结果不正确、不完整。

数据列表的基本要求与一维表的基本要求是相同的，如表 4-1 所示。因此，在进行数据分析之前，我们通常将数据列表整理成一维表。

（2）规范数据源为数据列表。

使用 Excel 的数据源进行数据分析处理之前，先要判断这些数据源是否符合 Excel 数据列表的要求。若不符合要求，则要对这些数据源进行规范、整理。规范数据源为数据列表的一般步骤如下。

① 补齐分析必需的字段，规范字段设置。

② 将多张表格合并为一张表格时，去除多余的表格名称，使用单层表头。

③ 将多行列标题分解为单行列标题，重新组织记录，使其成为一维表。

④ 规范数据属性，做到一个单元格记录一个属性，即一格一属性。

⑤ 规范不合理的数据类型（文本型数字、非法日期、文本中包含不必要的空格）。

⑥ 禁用合并单元格及空白单元格。

⑦ 删除数据区域中的小计行。

⑧ 删除数据区域中的空行或空列。

4.2 数据采集与预处理

本节内容主要包括数据采集与预处理概述、数据采集与预处理基础实验及数据预处理综合应用实验。

数据预处理是数据分析的前提，其目的是从大量的、杂乱的数据中抽取出有价值、有规律的数据。数据预处理主要包括数据导入、数据清洗等。

4.2.1 数据采集与预处理概述

数据采集是指利用多种工具从智能终端（计算机、手机端或传感器等客户端）获取数据信息的过程。当我们采集到数据后，必须将这些数据导入 4.1 节中提到的数据表或数据列表中（大数据被导入到分布式数据库），导入时我们会做一些简单的数据清洗工作，来满足数据分析的需要。

1. 数据采集

数据采集可以通过以下几个渠道进行。

① 数据库。从 Access、SQL Server 等数据库中导出的数据。

② 公开出版物。

③ 互联网或市场调研。

2. 数据导入

（1）导入文本文件数据。

在“数据”选项卡的“获取外部数据”组中单击“自文本”按钮，在打开的对话框中选择需要导入的文本文件后单击“导入”按钮，打开“文本导入向导”对话框，根据提示完成文本文件数据的导入。

（2）导入 Access 数据。

Access 是 Office 办公套件之一，Excel 数据列表与 Access 表可以完全兼容地导入与导出，包括 Access 数据库中的表格样式与文本格式等。

在“数据”选项卡的“获取外部数据”组中单击“自 Access”按钮，在打开的对话框中选择需要导入的数据库文件后单击“打开”按钮，在打开的“选取数据源”对话框的列表框中选择要导入的表格，单击“确定”按钮，在打开的“导入数据”对话框中选择数据显示的方式和放置位置，单击“确定”按钮即可。

（3）网络数据源导入。

Excel 可直接从网站上获取数据，将其导入工作表中，并根据当前页面的框架结构自动确定数据导入工作表中的排列方式。

在“数据”选项卡的“获取外部数据”组中单击“自网站”按钮，打开“新建 Web 查询”对话框，在“地址”组合框中输入要引用的页面网址，单击“转到”按钮，在中间的列表框中打开页面后，单击需要导入的数据区域左上角的“→”按钮选择区域，单击“导入”按钮，在打开的“导入数据”对话框中选择数据存放的位置，单击“确定”按钮即可。

默认情况下，导入的网站数据仅保留文本内容，而字体格式被忽略。如要导入带格式的网站数据，可在“新建 Web 查询”对话框中单击“选项”按钮，在打开的“Web 查询选项”对话框的“格式”栏中选择相应的选项，再执行导入数据的操作。

3. 数据清洗

如果数据列表的数据源是直接从外部数据源导入的，或是由多个数据源合并生成的，那么我们必须先进行数据清洗，否则不能保证数据的完整性和唯一性，可能造成数据分析时得到错误的结果。数据清洗包括三个过程——清除掉不必要的重复数据、填充缺失的数据、检测逻辑有错误的数据，以为后续的数据分析提供完整的、正确的数据。

（1）重复数据的处理。

① 数据工具法。

a. 选定要筛选出重复值的数据表，单击“数据”选项卡，选择“数据工具”中的“删除重复项”按钮。

b. 在弹出的“删除重复项”对话框中，选择一个或多个包含重复值的列，然后单击“确定”按钮。

② 高级筛选法。

a. 选定要筛选出重复值的数据表，单击“数据”选项卡，选择“排序和筛选”中的“高级”按钮，在弹出的对话框中选择“高级筛选”。

b. 选择“高级筛选”对话框中的“选择不重复记录”，然后单击“确定”按钮。

③ 函数法。

使用 COUNTIF 函数实现重复数据的识别。

④ 条件格式法。

单击"开始"选项卡中"条件格式"下的"突出显示单元格规则"，在弹出的菜单中选择"重复值"。

（2）缺失数据的处理

对于缺失数据，可用"查找与替换"的方法进行修复，主要步骤如下。

① 单击"开始"主选项卡中"编辑"功能区的"查找和替换"按钮，在弹出的菜单中选择"定位条件"。

② 打开"定位条件"对话框，单击"空值"按钮，然后单击"确定"按钮，则所有的空值都被一次性选中。

（3）检测数据。

检测逻辑有错误的数据。

4.2.2 数据采集与预处理基础实验

1. 实验目的

（1）掌握数据采集的方法。

（2）掌握数据清洗的方法。

2. 实验内容

复制实验素材文件"销售明细.txt""销售管理.mdb"文件至作业文件夹中。在 Excel 中新建一个工作簿文件"Ex412.xlsx"，完成以下操作，并以原文件名保存在原文件夹中。

（1）选中工作表 Sheet1，从"销售明细.txt"中导入文本数据至 Sheet1!A1 位置处。导入时分别将 A 列～D 列的数据类型设置为文本型，E 列～H 列的数据类型默认为常规型。

（2）把 Access 数据库"销售管理.mdb"中的"销售数据"表导入至新工作表 Sheet2!A1 中。

（3）单击状态栏中的⊕按钮，新建 Sheet3，从证券之星网站中选择"行情"，将"行业""概念"2 个板块的数据信息分别导入工作表 Sheet3 中，通过使用 Excel 的刷新功能，动态进行数据更新，每隔 10 分钟获取实时股票数据。

（4）选中工作表 Sheet1，补齐数据表中必需的字段并规范字段设置。把 A 列～H 列的字段名分别设为：商品编号（文本型）、部门（文本型）、品牌、型号、折扣、单价、数量、总额。

（5）使用数据工具法或其他数据清洗方法删除工作表 Sheet1 数据源中的重复数据，把部门列中缺失的数据补齐，规范为一维表结构，如图 4-2 所示。

商品编号	部门	品牌	型号	折扣	单价	数量	总额
XS0001	A	彩电	VVRM-5EGT	0.93	3100	36	103788
XS0002	C	冰箱	PW-OKK1-5	0.95	4210	24	95988
XS0003	B	彩电	VVRM-5EGT	0.98	3100	39	118482
XS0004	A	空调	HV-1100VVR1.0	0.95	2999	29	82622.45
XS0006	B	空调	HV-1100VVR1.0	0.95	2999	27	76924.35
XS0007	A	冰箱	PW-OKK1-5	0.95	4210	35	139982.5
XS0008	C	彩电	VVRM-5EGT	0.93	3100	36	103788
XS0009	C	冰箱	PW-OKK1-5	0.95	4210	24	95988
XS0010	B	彩电	VVRM-5EGT	0.95	3100	27	79515
XS0005	B	空调	HV-1100VVR1.0	0.93	2999	29	80883.03

图 4-2 规范后的数据表

4.2.3 数据预处理综合应用实验

1. 实验目的

（1）掌握在 Excel 中清洗数据的各种方法。

（2）掌握如何把二维表规范成一维表。

2. 实验内容

打开工作簿文件“Ex413.xlsx”，完成以下操作，并以原文件名保存在原文件夹中。

（1）选中工作表“Sheet1”，按数据表设计的基本要求，将工作表“Sheet1”的表名命名为“学生成绩表”然后删除第一行，将第二行（标题行）作为数据表的字段名行。

（2）运用数据菜单中的“分列”工具将 A 列～D 列中的数据规范为文本数据，将 E 列中的非法日期数据规范为合法的日期数据，利用“错误标记”按钮将 F 列中的“平时成绩”规范为纯数字类型，使用函数删除 D 列文本数据中的空格。

（3）选中工作表“三星”，选中整个数据源，使用数据工具法或其他数据清洗方法删除数据源中的重复数据，删除第一行的表头以及数据源中的空行和空列。

（4）选中工作表“苹果”，选中整个数据源，使用数据工具法或其他数据清洗方法删除数据源中的重复数据，删除第一行的表头以及数据源中的空行和空列。

（5）新增工作表“手机销售明细”，把三星、苹果手机销售流水账的数据源合并到工作表“手机销售明细”中。

（6）选中工作表“手机销售明细”，根据数据表设计的基本要求，规范合并后的数据源。提示：使用单层表头，删除区域中的空行或空列，规范“日期”列数据的类型为日期型，规范“数量”列数据的类型为数值型（数据的值不变）。图 4-3 所示为数据清洗后“手机销售明细”的部分数据。

（7）选中工作表“手机销售明细”，在“单价”列后面增加一新字段“销售额”（“数量”×“单价”），运用公式计算“销售额”列中的单元格数据。

	A	B	C	D	E	F	G	H
1	手机型号编码	品牌	型号	日期	销售人编码	销售人姓名	数量	单价
2	PG0002	苹果	IPHONE5C	2013-1-5	02	李健康	10	3100
3	PG0002	苹果	IPHONE5C	2013-1-7	05	李仙霞	1	4100
4	PG0003	苹果	IPHONE5	2013-1-7	03	苏灿	30	3500
5	PG0003	苹果	IPHONE5	2013-1-16	03	苏灿	2	4550
6	PG0004	苹果	IPHONE5S	2013-2-11	04	刘能干	20	4500
7	PG0004	苹果	IPHONE5S	2013-2-12	01	王英雄	1	5380
8	PG0004	苹果	IPHONE5S	2013-2-13	01	王英雄	1	5300
9	PG0001	苹果	IPHONE4S	2013-2-15	01	王英雄	20	3000
10	PG0003	苹果	IPHONE5	2013-3-6	02	李健康	1	4550
11	PG0001	苹果	IPHONE4S	2013-3-9	02	李健康	1	3700
12	PG0004	苹果	IPHONE5S	2013-3-12	03	苏灿	2	5250
13	PG0001	苹果	IPHONE4S	2013-3-17	01	王英雄	1	3800

图 4-3 数据清洗后“手机销售明细”的部分数据

4.3 数据分析

本节主要介绍数据分析的基本概念以及数据分析实验，主要内容包括数据的排序、筛选、合并计算、快速提取与转换以及数据透视表的制作等。

4.3.1 基本概念

1. 排序

排序是数据列表最基本的数据分析手段。作为排序依据的字段称为“关键字”（“主关键字”“次关键字”）。

Excel 不仅可按照数据值的大小、字符内码的大小和汉字的笔画进行排序，还可以按照单元格颜色、字体颜色和单元格图标进行排序。排序针对整个数据列表，不要对列表中的部分数据进行排序，这样会破坏数据之间的关系，造成数据之间的联系出现错误。所以在执行排序命令之前，要么选中整个数据列表，要么选中数据列表中任意一个单元格，让排序命令自动选择数据列表。

2. 筛选

筛选是 Excel 数据列表常用的数据分析手段。在筛选操作过程中，根据用户给定的关键字段，首先设置筛选条件，系统将在数据列表中查找出满足条件的记录，并显示这些记录，然后将不满足条件的记录隐藏起来。筛选分为自动筛选和高级筛选两种。

自动筛选是指对整个数据列表按照设定的简单条件完成筛选。

高级筛选适合于复杂筛选条件的情况，可以完成多个筛选条件之间的“与运算”“或运算”，对于自动筛选，只能通过采用合并多次筛选结果的方法来实现。使用高级筛选时，除了数据列表外，还应先建立“条件区域”。

条件区域应满足以下几个条件。

（1）条件区域至少包含两行。

第 1 行为所设定条件限定的字段名行。第 2 行为条件参数，是对该字段的限定条件。设置的条件可以包含多行和多列。位于不同行的多个条件之间是“或”的关系，而位于同行不同列的多个条件之间是“与”的关系。

（2）条件区域应与数据列表分隔开。

一般将条件区域放在数据列表的右侧，至少隔开一个空白列。

3. 合并计算

在数据统计过程中，如源数据分布在不同的工作表或者工作簿中，并且被统计数据的排列方式和排列顺序完全相同，或者虽然排列顺序不一致，但具有相同行列标签，就可以合并完成数据汇总。

合并计算可将各个单独工作表中的数据合并到一张工作表中，这样可定期或临时对数据进行更新和聚合。通常把合并计算结果数据所在的工作表称为主工作表，简称主表。在合并计算之前主表数据区为空，只包含行列标签。把参与合并计算的数据源所在的工作表称为子工作表，简称子表。子表一般有多张，但主表只能有一张。

一般合并计算方式主要有两种：按位置合并计算和按分类合并计算。对于多张表格的合并计算，也可采用公式或函数来进行。

4. 海量数据挖掘与数据透视表

面对 GB、TB 级的数据时，你是否有晕眩的感觉？明明知道一堆数据中隐含了各种有价值的信息，但因为数据庞杂而不知所措。

数据透视表可以解决上述问题。数据透视表是一种在 Excel 中对大量数据进行快速汇总和建立交叉列表的交互式表格。它能组织、分析数据，快速地从不同角度对数据进行分类、汇总，尤其适用于数据记录庞大、流水账形式的记录及数据库数据，它还可将其中的一些内在规律显示出来。

使用数据透视表进行数据分析，不仅可快速地从大量数据中挖掘出潜藏的信息，还可通过改变表格的结构来快速改变表格的汇总方式。

（1）可作为数据透视表数据源的数据。

使用数据透视表可以对多种表格数据进行分析，这些表格数据可以是 Excel 自身创建的列表中的数据，也可以是其他文件中的表格数据。图 4-4 所示为可用作数据透视表的数据源。虽然这些类型的数据可以作为数据透视表的数据源，但进行数据透视表创建之前还是需要对数据进行规范整理的。

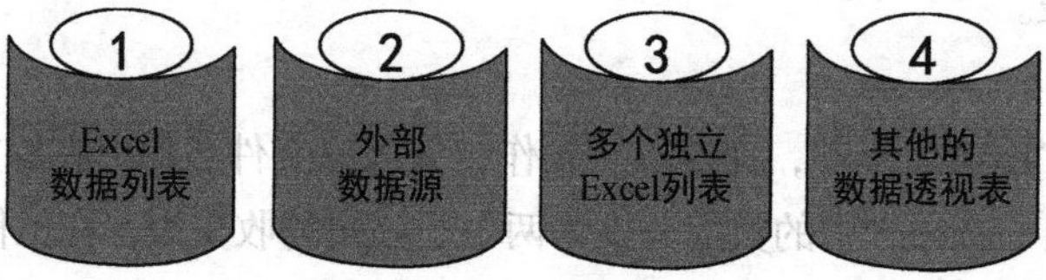

图 4-4　用作数据透视表的数据源

（2）创建数据透视表。

创建数据透视表大致分为以下 3 个步骤。

① 指定数据源所在的单元格区域，一般是整个数据列表。

② 指定数据透视表的位置，一般保存为一张新的工作表，或在当前工作表中。

③ 进行数据透视表的字段布局，包括行标签字段、列标签字段、值字段和报表筛选字段。

4.3.2　数据分析实验

1. 数据排序与筛选

打开工作簿文件“Ex421.xlsx”，完成以下操作后，以原文件名保存在原文件夹中。

（1）对工作表 Sheet1 数据列表中的所有记录，依次对销售月份、销售组别和相机型号进行升序排列，将排序结果复制到 Sheet8!A1 中。选中工作表 Sheet1，恢复为原始记录顺序。

（2）在工作表 Sheet1 数据列表中，对相机型号按“自定义序列”进行排序。提示：设置自定义序列为三星 NV3、索尼 T100、理光 R6、索尼 T20。将结果复制到工作表 Sheet9!A1 中。选中工作表 Sheet1，恢复为原始记录顺序。

（3）从工作表 Sheet1 的数据列表中筛选出相机型号为“理光 R6”的销售记录，将筛选结果复制到 Sheet10!A1 中。选中工作表 Sheet1，清除之前的筛选结果，恢复为原始数据列表。

（4）从 Sheet1 数据列表中筛选出 2013 年 3 月的销售记录，将筛选结果复制到 Sheet11!A1 中。选中工作表 Sheet1，清除之前的筛选结果，恢复为原始的数据列表。

（5）从工作表 Sheet1 数据列表中筛选出销售部数和销售金额均低于平均值的记录，将筛选结果复制到 Sheet12!A1 中。选中工作表 Sheet1，清除之前的筛选结果，恢复为原始的数据列表。

（6）从工作表 Sheet1 的数据列表中筛选出 2013 年 1 月销售金额大于 110000 元的销售记录，将筛选结果复制到 Sheet13!A1 中。选中工作表 Sheet1，清除之前的筛选结果，恢复为原始的数据列表。

（7）选中工作表 Sheet2，删除数据列表中的重复记录，筛选出姓李的女教授和姓王的讲师的记录，将筛选结果复制到 Sheet14!A1 中。选中工作表 Sheet2，清除之前的筛选结果，恢复为原始的数据列表。

（8）将工作表区域 Sheet3!$A$1:$D$31 中的语文、数学和英语成绩填入工作表区域 Sheet4!$A$1:$G$31 中相同姓名对应的单元格中。

（9）工作表区域 Sheet5!A1:C301 中的数据按时间顺序列出了班车到达和出发的情况，把该工作表区域中的数据填入工作表区域 Sheet6!B2:C151 相对应的单元格中。

（10）对工作表区域 Sheet7!A1:B231 中的数据进行规范，筛选出三门课程中任何一门成绩为“不及格”的数据记录，将筛选结果复制到 Sheet15!A1。选中工作表 Sheet7，清除之前的筛选结果，恢复为原始的数据列表。

2. 合并计算

打开工作簿文件“Ex422.xlsx”，完成以下操作，并以原文件名保存在原文件夹中。

（1）工作表 Sheet1、Sheet2 中的数据分别为两个子公司的收支表，在工作表 Sheet3 中按位置合并计算出总公司各项收入和支出总和（要求在合并计算完成后，子表中的数据源发生变化时合并计算结果能自动更新）。

（2）根据工作表 Sheet4、Sheet5 中的数据，在工作表 Sheet6 中按分类合并计算出张三、李四、王五、赵六的一月实发工资。

（3）运用“工作组”功能及快捷键方法快速计算出工作表“一月”“二月”“三月”对应单元格中的结果，同时运用公式对工作表“一季度”中对应的空白单元格进行快速合并计算。

3. 数据的快速提取与转换

打开工作簿文件“Ex423.xlsx”，完成以下操作，并以原文件名保存在原文件夹中。

（1）选中工作表“提取信息”，从 A 列“客户信息”中快速提取联系人、公司及邮编等信息，放置于对应的 B、C、D 列中。提示：可使用 Ctrl+E 实现快速填充，也可直接单击“数据”选项卡上的“快速填充”按钮来实现。

（2）选中工作表“信息合并”，将 A、B、C 列中的相应信息进行合并后放置于 D 列中，如把 A2、B2、C2 中的单元格信息合并为“孙林，总经理+86 010-12345678”，放置于 D2 单元格中。

（3）选中工作表“数值转换”，把 A 列文本型数据转换成数值类型。

（4）选中工作表“银行卡变换”，快速填充与 B 列相对应的 C 列单元格数据。

4. 制作数据透视表（Ⅰ）

在 Excel 中打开工作簿文件“Ex413.xlsx”后，完成以下操作，并以“Ex424.xlsx”文件名保存在原文件夹中。

（1）选中“手机销售明细”工作表，从“手机销售明细”的数据列表中筛选出苏灿 2013 年 5 月份的销售记录，将筛选结果复制到 Sheet5!A1。回到“手机销售明细”工作表，清除之前的筛选结果，恢复为原始的数据列表。

（2）根据“手机销售明细”工作表，利用数据透视表，挖掘出哪款手机最畅销，哪个销售员对这款手机的销售贡献最大，如图 4-5 和图 4-6 所示。

行标签	求和项:数量
I9300	68
IPHONE5	44
GALAXY S5	40
IPHONE5S	39
IPHONE5C	39
Note 3	34
IPHONE4S	30
I9185	26
总计	320

图 4-5　挖掘出最畅销的手机

行标签	求和项:数量
李健康	32
李仙霞	32
苏灿	2
张令飞	2
总计	68

图 4-6　挖掘出最佳销售员

5. 制作数据透视表（Ⅱ）

打开工作簿文件“Ex425.xlsx”，完成以下操作，并以原文件名保存在原文件夹中。下面根据罗斯文商贸公司的发货单制作 3 个分析报表。

（1）2018 年各运货商季度销售比例如图 4-7 所示。

	A	B	C	D	E
1	年	2018年			
2					
3	求和项:运货费	列标签			
4	行标签	急速快递	联邦货运	统一包裹	总计
5	第一季	30.77%	26.91%	42.33%	100.00%
6	第二季	15.28%	42.54%	42.18%	100.00%
7	第三季	24.18%	33.48%	42.33%	100.00%
8	第四季	33.47%	30.19%	36.34%	100.00%
9	总计	25.75%	33.82%	40.43%	100.00%

图 4-7　2018 年各运货商季度销售比例

（2）2018 年第二季度销量最高的 10 种产品如图 4-8 所示。

（3）从发货单中挖掘出 2018 年哪个公司的销售实力最强，从这家销售实力最强的公司中挖掘出哪个销售员的销售业绩最好，最后挖掘出这个业绩最好的销售员最适合销售什么产品。

	A	B
1	年	2018年
2	到货日期	第二季
3		
4	行标签	求和项:总价
5	绿茶	19130.1
6	白米	9040.2
7	光明奶酪	8200.5
8	鸭肉	6951.12
9	花奶酪	5621.9
10	猪肉干	5278.8
11	牛肉干	5268
12	柳橙汁	5158.9
13	桂花糕	4252.5
14	烤肉酱	3965.76
15	总计	72867.78

图 4-8　2018 年第二季度销量最高的 10 种产品

4.4 Excel 中的规划求解

在 Excel 的数据分析过程中，很多复杂问题使用函数公式或数据透视表无法解决时，我们可以借助 Excel 中的规划求解轻松解决。本节主要介绍 Excel 中规划求解的步骤、规划求解最值实验。

4.4.1 规划求解的步骤

日常生活中，人们总希望用最小的人力、物力、财力和最短的时间去做最多的事，这就涉及优化问题。一般形式的最优化问题数学模型是在特定约束条件下寻找某个目标函数的最大值或最小值，其解法称为最优化方法。本实验主要通过运用 Excel 2016 提供的规划求解工具和方案管理器等功能分析数据，解决企业运营中经常遇到的生产方案选择和利润最大值求解问题。规划求解的一般步骤如下。

（1）加载“规划求解”分析工具。

（2）创建规划求解，添加约束条件。

（3）生成报告。

4.4.2 规划求解最值实验

1. 实验目的

（1）应用 Excel 中的“规划求解”加载项做简单的规划求解。

（2）创建规划求解，添加约束条件。

2. 实验内容

安排生产计划时，企业要考虑多方面的约束条件，如生产能力约束、生产工时约束、市场需求约束等。在诸多的约束条件中，企业要优先考虑生产能力和生产工时的约束，在此基础上对企业整个生产计划进行安排，同时兼顾资金、产出利润等，以求得生产中某项指标的最优化。因此，我们可先建立生产计划的最优化数学模型，然后以生产能力、生产工时和投入资金等为约束条件，最后使成本最小化或利润最大化。

某企业需同时生产三种产品，生产 A 产品的单位成本为 150 元，单位时间为 0.3 小时，每一件的利润为 200 元；生产 B 产品的单位成本为 200 元，单位时间为 0.5 小时，每一件的利润为 260 元；生产 C 产品的单位成本为 250 元，单位时间为 0.8 小时，每一件的利润为 310 元。根据下月订单和库存情况，该月 A 产品至多生产 120 件，B 产品至多生产 100 件，C 产品至多生产 80 件，该月能生产的时间限制为 240 小时。现需要按两种方案进行规划求解，分别计算出最低成本和最大利润。若对成本进行规划求解，要求每月实现的利润至少为 120000 元；若对利润进行规划求解，每月的成本限额为 60000 元。

（1）问题分析。

问题需求：成本最小化规划求解。根据上述需求，假设 A、B、C 三种产品的产量分别为 x、y、z，求解成本最小化的数学表达式如下：

① 目标函数：$K_{min}=150x+200y+250z$。

② 工时限制条件：$0.3x+0.5y+0.8z\leqslant 240$。

③ 最低利润限制条件：$200x+260y+310z\geqslant 120000$。

④ 产量：$x>0$，$x\leqslant 120$；$y>0$，$y\leqslant 100$；$z>0$，$z\leqslant 80$。

根据上面列出的约束条件，求解生产成本最小值。

（2）实验步骤。

① 加载“规划求解”分析工具。

- 打开“Excel”选项对话框。
- 在“加载宏”对话框的可用加载宏中选择“规划求解”。
- 成功加载后可在“数据”选项卡中看到“规划求解”工具。

② 创建成本最小化求解模型。

- 新建工作簿“生产成本最小化规划求解”，在工作表 Sheet1 中创建图 4-9 所示的表格，输入已知数据，将要求解的单元格区域和需要设置公式的单元格区域填充不同的颜色。

生产成本最小化规划求解.xlsx

	A	B	C	D	E	F	G
1	企业生产方案规划求解						
2	1、成本最小化规划求解						
3	产品	成本（元/件）	生产时间(小时/件)	利润(元/件)	产量(件)	生产成本小计(元)	
4	甲	150	0.3	200			
5	乙	200	0.5	260			
6	丙	250	0.8	310			
7							
8	每月需实际销售利润	120000					
9	生产时间限制	240					
10	A产品产量限制(件)	120					
11	B产品产量限制(件)	100					
12	C产品产量限制(件)	80					
13							
14	实际销售利润	0					
15	实际生产时间	0					
16	每月最低生产成本	0					
17							

图 4-9 规划求解原始数据

- 输入公式计算生产成本小计。在 F4 单元格中输入公式“=B4*E4”，复制公式后得到三种产品的生产成本。
- 输入公式计算实际销售利润，在 B14 单元格中输入公式“=D4*E4+D5*E5+D6*E6”。
- 输入公式计算实际生产时间，在 B15 单元格中输入公式“=C4*E4+C5*E5+C6*E6”。

③ 进行生产成本最小化规划求解。

- 启动规划求解。在“数据”选项卡下单击“规划求解”按钮即可。
- 在“规划求解参数”对话框中进行设置。目标单元格为 B16，在“等于”选项中选择“最小值”，可变单元格中选区域 E4:E6，如图 4-10 所示。
- 添加约束条件 1。单击“添加”按钮，在“添加约束”对话框中，设置“可变单元格”的引用位置为“$E$4”单元格，从中间的符号下拉列表中选择“int”，如图 4-11 所示。

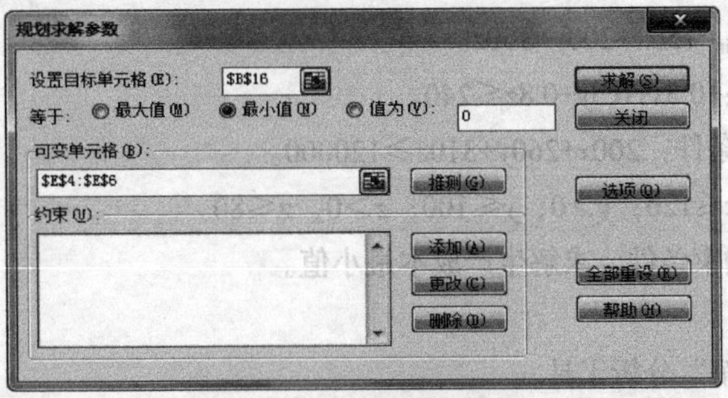

图 4-10 规划求解参数设置

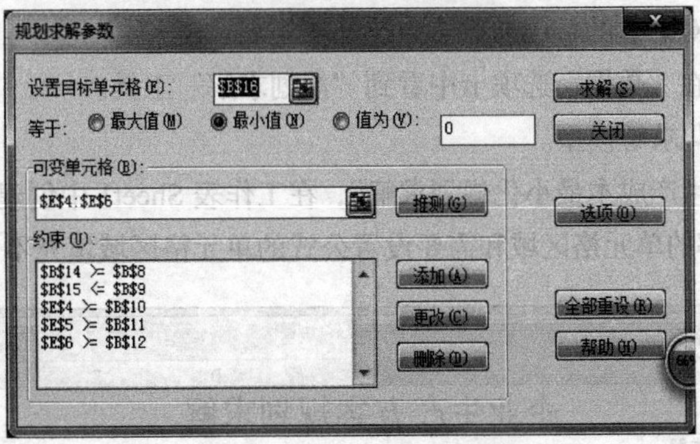

图 4-11 “添加约束”对话框

- 添加约束条件 2。单元格引用位置为“$E$4”单元格，从中间的符号下拉列表中选择“>=”，约束值为“$B$10”。
- 添加约束条件 3。单元格引用位置为“$E$5”单元格，从中间的符号下拉列表中选择“int”。
- 添加约束条件 4。单元格引用位置为“$E$5”单元格，从中间的符号下拉列表中选择“>=”，约束值为“$B$11”。
- 添加约束条件 5。单元格引用位置为“$E$6”单元格，从中间的符号下拉列表中选择“int”。
- 添加约束条件 6。单元格引用位置为“$E$6”单元格，从中间的符号下拉列表中选择“>=”，约束值为“$B$12”。
- 添加约束条件 7。单元格引用位置为“$B$14”单元格，从中间的符号下拉列表中选择“>=”，约束值为“$B$8”。
- 添加约束条件 8。单元格引用位置为“$B$15”单元格，从中间的符号下拉列表中选择“<=”，约束值为“$B$9”。

设置完成后返回“规划求解参数”对话框，确认设置后单击“求解”按钮。在出现“规划求解结果”对话框后，如图 4-12 所示，单击“确定”按钮，在原工作单中就有了求解结果。

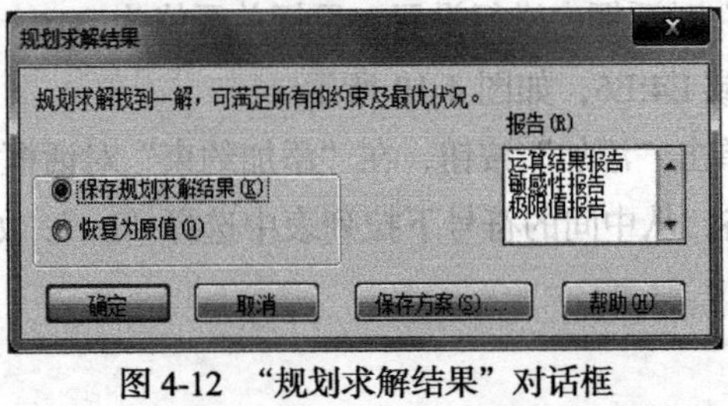

图 4-12 “规划求解结果”对话框

④ 创建成本最小化规划求解报告。

在图 4-12 中，如用鼠标选择“运算结果报告”，单击“确定”按钮，返回工作簿后，系统会自动在当前工作表中插入“运算结果报告 1”工作表。此时，可将原 Sheet1 工作表标签重命名为“生产成本最优化求解”。

注：系统也可生成敏感性报告和极限值报告，但要先删除“约束”列表框中另外两个整数约束条件方能得到。

运算结果报告中列出了目标单元格和可变单元格及其初始值、最终结果、约束条件等信息；敏感性报告中显示求解结果对“规划求解参数”对话框的“目标单元格”列表框中所制定的公式的微小变化或约束条件的微小变化的敏感程度信息；极限值报告中列出了目标单元格和可变单元格及其各自的数值、上下限和目标值，下限是在保持其他可变单元格数值不变并满足约束条件的情况下，某个可变单元格可以取到的最小值，上限是在这种情况下可变单元格可以取到的最大值。具有整数约束的模型不能生成后两种报告。

3. 实践与思考

在前面的问题描述中，进行利润最大化规划求解。

（1）问题分析。

在实际工作中，还有一种产品组合的优化问题，即在生产成本、生产工时、生产产量等限制条件下，求解最大销售利润。其数学模型与求最小成本基本相同，求解最大利润的数学表达式如下。

① 目标函数：$K_{max}=200x+260y+310z$。

② 工时限制条件：$0.3x+0.5y+0.8z \leqslant 240$。

③ 最大成本限制条件：$150x+200y+250z \leqslant 60000$。

④ 产量：$x>0$，$x \leqslant 120$；$y>0$，$y \leqslant 100$；$z>0$，$z \leqslant 80$。

（2）实验步骤。

销售利润最大化求解表格模型跟前面的成本最小化表格模型基本相同，只需改变相应单元格的内容即可。

① 把 F3 单元格中的“生产成本小计（元）”改为“销售利润小计（元）”。

② 把 A8 单元格中的“每月需实际销售利润”改为“生产成本限制”。

③ 把 A14 单元格中的“实际销售利润”改为“实际生产成本”。

④ 把 A16 单元格中的“每月最低生产成本”改为“每月销售利润总计”。

可根据求解成本最小化的思路和操作步骤，完成“利润最大化规划求解”。写出相应的操作步骤，并生成三张利润最大化规划求解报告单。

第 5 章

Excel 中的数据可视化

数据可视化是数据分析的最后环节，也是非常关键的环节。通过使用数据可视化技术，人们可以生成实时的图表，将数据以更加直观、生动、易理解的方式呈现出来，从而有效提高数据分析的效率。Excel 中的数据可视化是指利用 Excel 中的图表工具对数据进行可视化。本章内容包括数据可视化概述和数据可视化实验。通过数据可视化实验演练，读者可理解和掌握数据可视化的基本理论和方法。

5.1 数据可视化概述

本节首先介绍什么是数据可视化（如图 5-1 所示），然后介绍入门级的可视化工具——Excel 图表。

图 5-1 数据可视化效果

5.1.1 什么是数据可视化

数据可视化是指将数据以图形图像的形式表示，并利用数据分析工具发现其中未知信息的过程。

数据可视化技术的基本思想是将数据表（数据列表）中的每一个数据项用单个图元素表示，大量的数据集构成数据图像，同时将数据的各个属性值以多维数据的形式表示，从而使数据更加直观地展现出来，让花费数小时甚至更久才能归纳出的数据，转化成一眼就能看懂的图表。数据可视化能够更好地抓取和保存有效信息，增加用户对信息的印象。

5.1.2　数据可视化工具

常见的数据可视化工具有 Excel、R 语言、Tableau 等。本节介绍的数据可视化工具软件是 Excel。Excel 是一个入门级的可视化工具，支持使用图表、数据条、迷你图和条件格式等实现数据可视化。

1. Excel 图表概述

图表是数据的一种可视化表现形式，可以将抽象的数据形象化，使数据更清晰、更直观。通过图表人们可以看清数据间的关联及差异，有助于分析、预测和决策。Excel 2016 提供了更加简便的功能区和交互性更好的编辑方式，可帮助用户快速地创建各种专业化的图表。

Excel 图表可分为静态图表和动态图表。静态图表不具有交互性，而动态图表可实现交互，是图表分析的较高级形式。

2. 创建 Excel 图表

创建 Excel 图表的基本过程包括：选择数据区域、图表类型和图表的位置。恰当的图表类型可使数据更清晰、更便于理解和分析。因此，选择合适的图表类型是使信息更加突出的关键因素。Excel 2013 提供了丰富的标准类型图表，如柱形图、折线图、饼图、条形图等均为标准类型图表。Excel 2016 新增了一个组合类型图表，这种图表是由多种不同的图表类型组合而成的。

3. 编辑图表

创建图表后，用户可根据需要对图表进行编辑。Excel 2016 对“图表工具”所包含的命令进行了重新组合，“图表工具”功能区只包含了“设计”和“格式”两个选项卡，更加简洁，用户可以更轻松地找到所需要的功能。

选中图表后，图表右上角会出现 3 个新增图表按钮：“图表元素”“图表样式”和“图表筛选器”，如图 5-2 所示。

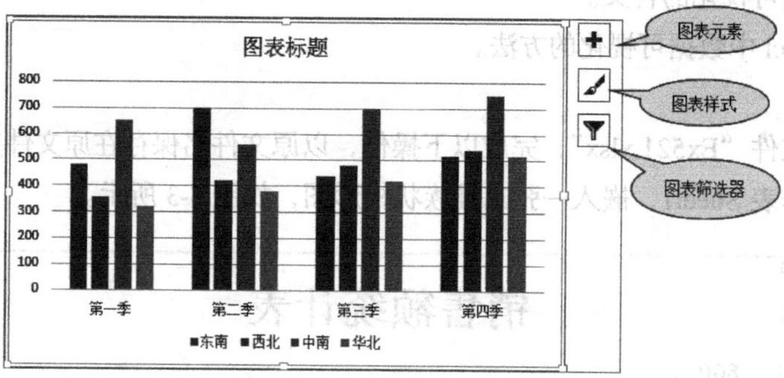

图 5-2　3 个新增图表按钮

- “图表元素”按钮：选择、预览和调整图表元素。
- “图表样式”按钮：选择、预览和调整图表样式以及配色方案。
- “图表筛选器”按钮：筛选显示数据、编辑数据系列以及选择数据源。

4. 创建迷你图

迷你图是一种可直接插入 Excel 单元格中的微型图表，是单元格数据的直观表示。迷你图通常用于显示一系列值的变化趋势或突出显示最大值和最小值。

Excel 2016 提供了折线图、柱形图和盈亏图三种类型的迷你图。其中，盈亏图用于表示盈亏情况，它只强调盈利（正值）或亏损（负值），不强调数值的大小。

5. 创建动态图表

创建动态图表的关键在于创建动态的数据区域，用户可通过控件控制数据源的变化，通常可借助函数创建动态数据区域，常用的函数有 OFFSET、INDIRECT、INDEX、VLOOKUP、CHOOSE 等。常用的创建动态图表方法有 Excel 表功能法、定义名称法和辅助区域法等。

（1）利用 Excel 表功能创建动态图表。

Excel 表最大的特点是能自动扩展，能自动调整 Excel 表的范围。利用 Excel 表创建动态数据区域，再根据 Excel 表创建图表，也可以创建简单的动态图表。

（2）定义名称法。

定义动态名称引用某一个数据区域，以名称代表的数据区域为数据源创建图表。根据用户的操作，名称引用的区域会发生变化，图表也随之变化。

在定义动态名称时，最常用的函数是 OFFSET 函数。OFFSET 函数以指定的引用区域为参照系，通过给定偏移量得到新的引用区域，返回的引用区域可以为一个单元格或单元格区域。

（3）辅助区域法。

设置一个辅助数据区域，根据用户的选择，将目标数据从数据源区域引用到辅助数据区域，用辅助数据生成图表。当用户选择改变时，辅助区域中的数据随之变化，图表也将随之变化。

5.2　数据可视化实验

1. 实验目的

（1）理解数据可视化的含义。

（2）掌握 Excel 中数据可视化的方法。

2. 实验内容

打开工作簿文件“Ex521.xlsx”，完成以下操作，以原文件名保存在原文件夹中。

（1）选中工作表 Sheet1，嵌入一张二维簇状柱形图，如图 5-3 所示。

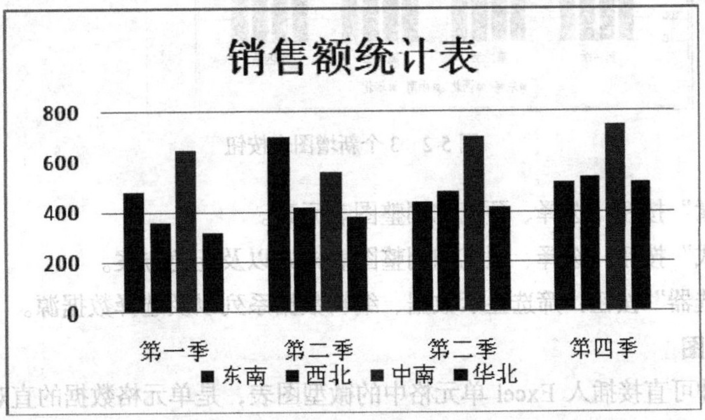

图 5-3　某集团公司各分公司 2015 年销售业绩统计图（1）

（2）编辑图表，使原来的水平轴标签变成数据系列，原来的数据系列变成数据点，如图 5-4 所示。

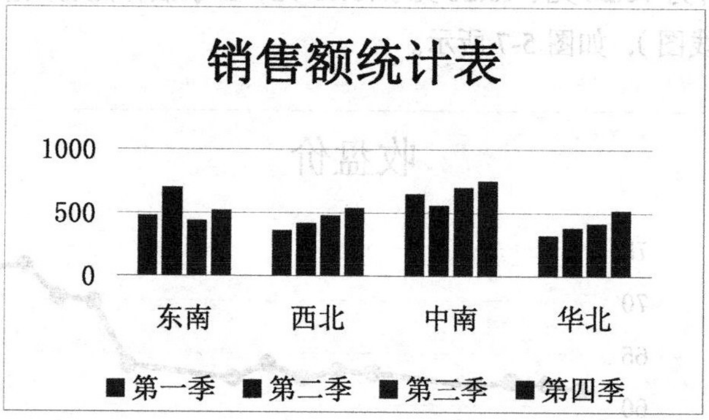

图 5-4 某集团公司各分公司 2015 年销售业绩统计图（2）

（3）选中工作表 Sheet2，根据“销售数据表”的数据源，创建一个双轴图表并保存为模板（模板文件名为“双轴图表”，扩展名为“.crtx”），如图 5-5 所示。

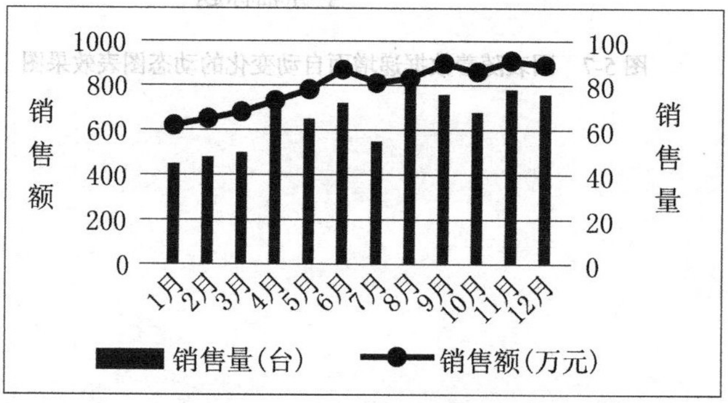

图 5-5 某集团公司 2015 年销售明细双轴图

（4）选中工作表 Sheet3，选择数据源，应用“双轴图表”模板类型创建图表，效果如图 5-6 所示。

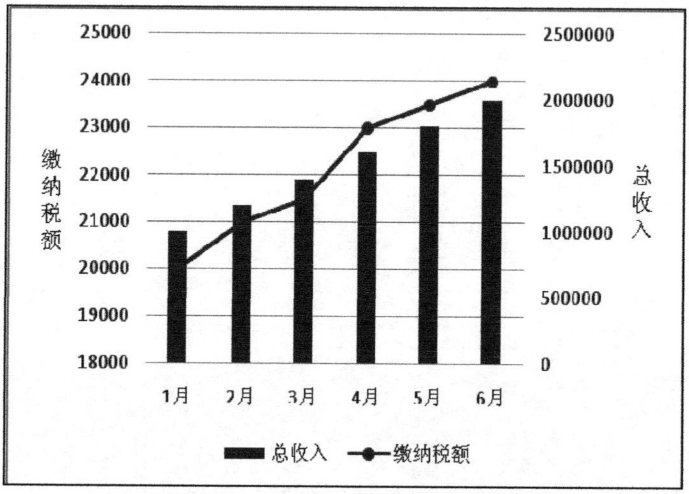

图 5-6 某集团公司 2015 年销售明细应用模板效果图

（5）选中工作表 Sheet4，表格中记录了某股票在某段时间的收盘价，表格中将继续追加 9 月 7 日—9 日的收盘价为 70.28 元、73.26 元、73.03 元，要求制作随着数据增加而变化的动态图表（带数据标记的折线图），如图 5-7 所示。

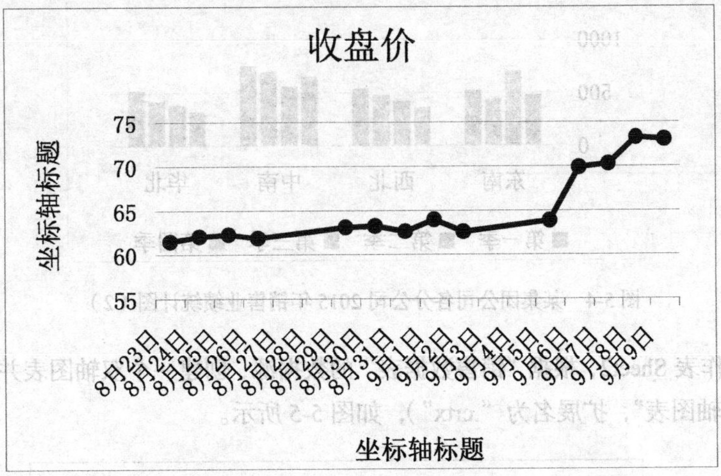

图 5-7　图表随着数据递增而自动变化的动态图表效果图

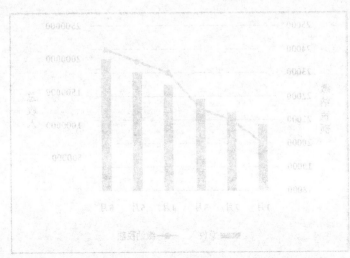

算法篇

第 6 章
算法可视化工具

本章简要介绍算法可视化工具 Raptor 的概念与特点、实验环境、常量与变量等基础知识。通过一些基础实验，读者可理解和掌握在 Raptor 环境中进行变量赋值、输入、输出、函数和数组的使用等基本算法的设计。

6.1 RAPTOR 基础

6.1.1 RAPTOR 的概念与特点

有序推理的快速算法原型工具（Rapid Algorithmic Prototyping Tool for Ordered Reasoning, RAPTOR）是基于流程图的可视化编程环境，可为算法设计的入门学习提供实验环境。

流程图是一系列相互连接的图形符号的组合，其中每个符号代表要执行的特定类型的指令。RAPTOR 允许用连接基本流程图符号的方式来创建算法，并在其环境下直接调试和运行算法，包括单步执行和连续执行的模式。RAPTOR 的实验环境可直观地显示当前执行符号所在的位置，以及所有变量的值。此外，RAPTOR 提供了一个简单图形库，可以可视化创建算法，所求解的问题本身也能可视化。流程图是数据科学中的基本概念，一旦开始使用 RAPTOR 解决问题，这些原本抽象的算法问题将会变得具体。

RAPTOR 的主要特点是规则简单，容易掌握。在 RAPTOR 中，算法就是流程图，可逐个执行图形符号，以帮助用户跟踪指令流执行的过程。用 RAPTOR 进行算法设计和验证，可使“计算思维”形象化。使用 RAPTOR 设计的算法可直接应用于 C++、C#、Java 等高级程序语言。

6.1.2 RAPTOR 的实验环境

RAPTOR 的实验环境是一组连接符号，表示算法要执行的一系列动作。RAPTOR 算法执行时，从开始符（Start）起步，按照箭头所指方向执行算法，直到结束符（End）终止，如图 6-1 所示。在开始符和结束符之间插入一系列 RAPTOR 符号，就是编写 RAPTOR 算法的过程。

一个算法流程通常由两个要素组成：基本运算和控制结构。基本运算包括以下内容。

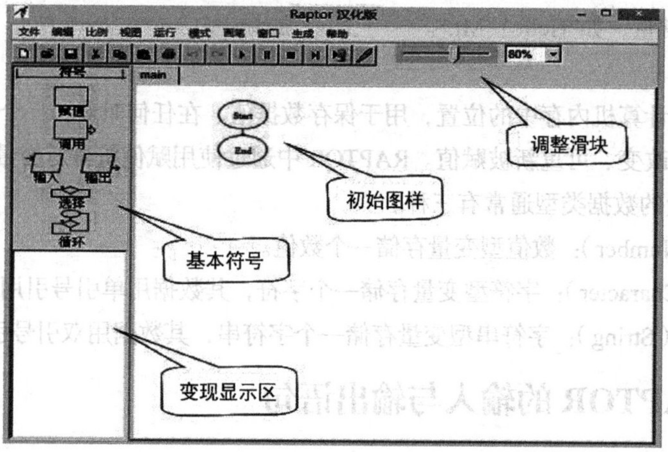

图 6-1　工作界面

① 算术运算：+、-、*、/、mod、^等。

② 关系运算：>、>=、<、<=、=、!=等。

③ 逻辑运算：and、or、not 等。

④ 数据传输：赋值、输入和输出等。

算法的控制结构是指算法中各操作之间的操作顺序和结构关系，算法是由顺序、选择和循环三种基本控制结构组合而成的。RAPTOR 有 6 种符号：赋值、调用、输入、输出、选择、循环，其中赋值、调用、输入和输出符号为基本符号，如表 6-1 所示，选择和循环为控制结构符号。

表 6-1　四种基本符号/语句

目的	符号	名称	说明
输入		输入语句	允许用户输入数据，并将数据赋值给一个变量
处理		赋值语句	使用各类运算来更改变量的值
处理		调用语句	执行一个调用，该调用包含多个语句
输出		输出语句	输出变量的值，也可以将变量的值保存到文件中

6.1.3　RAPTOR 常量与变量

1. 常量

算法运行过程中固定不变的量称为常量。在 RAPTOR 中有以下 4 种常量。

① 符号常量，如 Pi（圆周率）、e（自然对数的底数）等。

② 数值型常量，如 34.56。

③ 字符型常量，如'D'。

④ 字符串型常量，如"Hello！Mr."。

2. 变量

变量表示的是计算机内存中的位置，用于保存数据值。在任何时候，一个变量只能保存一个数据值，但其值可改变、可重新被赋值。RAPTOR 中通过使用赋值符号对变量进行赋值。

RAPTOR 变量的数据类型通常有三种。

① 数值型（Number）：数值型变量存储一个数值。

② 字符型（Character）：字符型变量存储一个字符，其数据用单引号引用。

③ 字符串型（String）：字符串型变量存储一个字符串，其数据用双引号引用。

6.1.4 RAPTOR 的输入与输出语句

1. 输入语句

输入语句的作用是接收来自输入设备的数据，并赋值给变量。RAPTOR 能自动识别接收到的数据类型。

在定义一个输入语句时，有两个必填框："输入提示"文本框和"输入变量"文本框。其中，"输入提示"文本框中可输入一个字符串表达式，用于说明输入数据的特征；"输入变量"文本框中只能输入一个变量名或数组元素名。

2. 输出语句

在 RAPTOR 环境中，执行输出语句后，将在控制台（Master Console）窗口显示输出结果。

定义一个输出语句时，有两个必填框："输出内容"文本框和"End current line"复选框。其中，"输出内容"文本框中可输入一个表达式；"End current line"复选框可勾选，表示输出结果后是否换行。

6.1.5 RAPTOR 的赋值语句

除了给变量赋值外，赋值语句也是算法流程中进行数据处理的主要手段，因为数据处理是通过赋值语句右端的表达式完成的。

赋值符号用于执行计算，然后将其结果存储在变量中。在弹出的赋值对话框中，变量名输入到"Set"右侧的文本框中，表达式输入到"to"右侧的文本框中。

6.1.6 RAPTOR 的子过程调用语句

子过程是完成某项子任务的语句集合。在 RAPTOR 中，子过程分为内置过程（函数）、子图和子程序三种。RAPTOR 采用后进先出的策略调用子过程，即挂起当前算法流程的执行，执行子过程算法流程中的指令，子过程执行结束后，恢复执行先前挂起的算法流程。

要想正确使用子过程，必须明确定义子过程名和对应的参数值。

6.1.7 RAPTOR 函数

RAPTOR 提供的系统函数包括基本数学函数、布尔函数等。基本数学函数如表 6-2 所示，布尔函数如表 6-3 所示。

表 6-2 基本数学函数

函数名	含义	举例
abs	绝对值	abs(-2)的值是 2
ceiling	向上取整	ceiling(2.34)的值是 3
floor	向下取整	floor(-8.7)的值是-9，floor(7.45)的值是 7
max(min)	最大（最小）	max(6, 9)的值是 9，min(6, 9)的值是 6
sqrt	平方根	sqrt(25)的值是 5
random	生成一个[0,1)内的随机数	

表 6-3 布尔函数

函数名	含义
Is_Number(Variable)	是否为数值变量
Is_Character(Variable)	是否为字符变量
Is_String(Variable)	是否为字符串变量
Is_Array(Variable)	是否为一维数组
Is_2D_ Array(Variable)	是否为二维数组

6.1.8 RAPTOR 数组变量

前面介绍和使用的都是 RAPTOR 中的基本类型数据（数值、字符和字符串），RAPTOR 还提供了构造类型的数据，有一维数组和二维数组。

数组是有序数据的集合。引入数组的优点是用一个统一的数组名和下标来唯一确定某个数组变量中的元素，而且下标值可以是表达式，这为数组元素的访问提供了便利。

1. 一维数组的创建

数组变量必须先创建，再使用。如果将输入语句或赋值语句的值赋值给数组元素，但还没有创建这个数组元素，则该数组会因赋值而被创建，创建的数组大小由赋值语句中给定的最大元素下标决定。例如，一个一维数组“a[]”显示的是此数组各个元素的名称，而不是其中的数据，其中方括号中标注的是下标值，以区分各个元素。在 RAPTOR 中，下标值可从 0 或 1 开始，如 a[1]、a[2]、a[3]、a[4]。

2. 二维数组的创建

二维数组元素有两个下标，第一个下标表示所在行数，第二个下标表示所在列数。

RAPTOR 数组元素的值不要求具有相同的数据类型。根据这个特点，可用二维数组保存记录结构的数据，如在数组元素 a[i, 1]中保存学号数据，在数组元素 a[i, 2]中保存姓名数据，在数组元素 a[i, 3]中保存性别数据，在数组元素 a[i, 4]中保存专业数据等，i=1，2，3…

3. 数组的运算

最常见的数组运算是使用下标对数组中的元素进行访问，如 a[1]、b[2, 3]等。

RAPTOR 提供了一个 length_of(array)函数来计算一维数组的长度，括号中的参数 array 为数组名，如 length_of(a)。

4. 字符数组

如果一个变量中的值是字符串常量，那么直接访问该变量可获取整个字符串数据，访问该变量名构成的数组元素可获取一个字符数据。如图 6-2 所示，“str”变量中保存的是字符串常量“I love Jinan University”，str[8]的运算结果为 J。

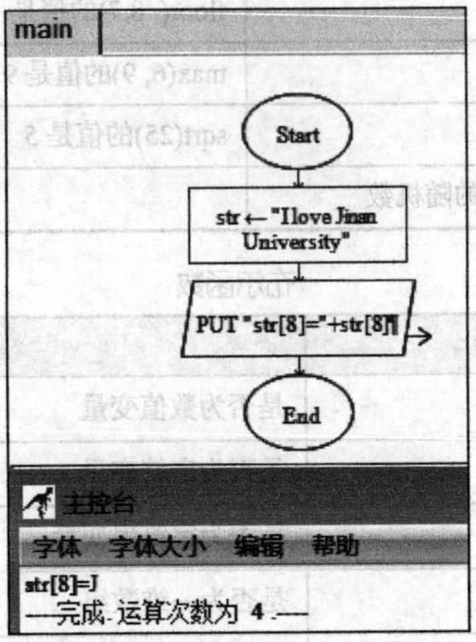

图 6-2 字符数组元素的应用

6.2 RAPTOR 基础实验

6.2.1 RAPTOR 的应用环境实验

1. 实验目的

（1）掌握算法的基本思想。

（2）掌握 RAPTOR 的运行环境、图形符号的使用方法及使用 RAPTOR 绘制算法流程图的方法。

2. 实验内容

在 RAPTOR 环境中，编写并运行计算圆面积的算法。

（1）问题分析。

输入圆的半径 r，根据公式 $S=Pi\times r\times r$ 计算圆面积。

（2）算法步骤。

① 启动 RAPTOR 汉化版，单击“保存”按钮，命名为“圆面积.rap”。

② 单击 RAPTOR 符号窗口中的“输入”符号，然后在初始流程图的连线上单击鼠标左键，则“输入”框被放到 Start 和 End 框之间。

③ 双击 main 窗口中的“输入”框，弹出图 6-3 所示的“输入”对话框，在“输入提示”文本框中输入“"please input radius r"”（此框可输入英文字母或者汉字，且用双引号括起来），在“输入变量”文本框中输入变量名“r”，单击“完成”按钮。

④ 单击 RAPTOR 符号窗口中的“赋值”符号，单击“输入”框下端的流程线，则插入“赋

值”框。

⑤ 双击 main 窗口中的“赋值”框（或用鼠标右键单击“赋值”框并选择“编辑”命令），弹出图 6-4 所示的“Assignment”赋值对话框，在“Set”文本框中输入“PI_value”，在“to”文本框中输入“3.14159”，单击“完成”按钮。

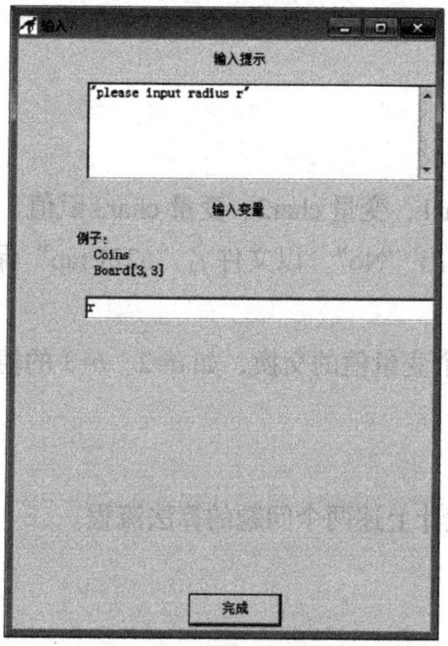

图 6-3　“输入”对话框

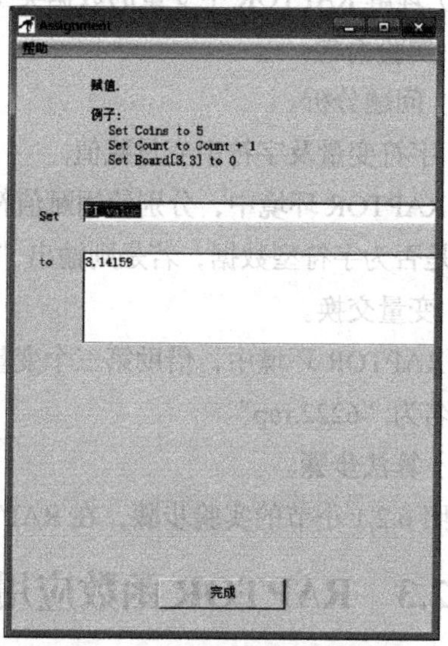

图 6-4　“Assignment”对话框

⑥ 添加计算圆面积的“赋值”框，弹出“编辑”对话框，在“Set”文本框中输入“area”，在“to”文本框中输入“PI_value*r*r”。

⑦ 添加“输出”框，弹出“编辑”对话框，在“输出内容”文本框中输入“"Area of the circle is"+area”，如图 6-5 所示。

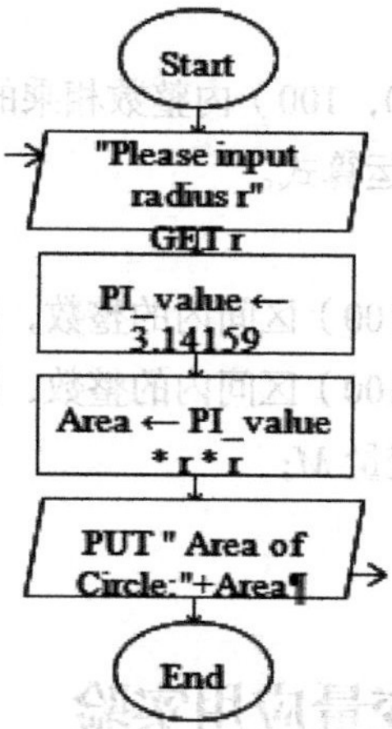

图 6-5　算法流程图

⑧ 单击工具条上的“运行”按钮。执行到“输入”语句时，界面弹出“输入”对话框，输入半径数值为“5”，程序继续执行，可看到程序中的变量值在窗口的变量显示区中显示出来。在主控台窗口中，显示流程图运行的结果。

6.2.2 RAPTOR 的字符变量及字符串变量赋值实验

1. 实验目的

（1）掌握变量的赋值。

（2）理解 RAPTOR 中变量的数据类型。

2. 实验内容

（1）问题分析。

① 字符变量及字符串变量赋值。

在 RAPTOR 环境中，分别使用赋值符号对变量 char1、变量 char2、变量 char3 赋值，判断所赋的值是否为字符型数据，若是则输出“Yes”，否则输出“No”，以文件名“6221.rap”保存。

② 变量交换。

在 RAPTOR 环境中，借助第三个变量可以实现两个变量值的交换，如 a=2、b=3 的值交换，文件命名为“6222.rap”。

（2）算法步骤。

仿照 6.2.1 小节的实验步骤，在 RAPTOR 环境中设计上述两个问题的算法流程。

6.2.3 RAPTOR 函数应用实验

1. 实验目的

（1）掌握 RAPTOR 基本函数的使用方法。

（2）掌握 RAPTOR 的运行环境及图形符号的使用方法。

（3）掌握使用 RAPTOR 绘制算法流程图的方法。

2. 实验内容

利用随机函数实现两个数值在[30，100）区间内的整数相乘的算法。

（1）问题分析。

根据问题描述，要想给出区间[30，100）内整数相乘的算法，就需要利用随机函数分别生成两个整数——被乘数和乘数，并显示运算式。

（2）算法步骤。

① 利用随机函数生成一个[30，100）区间内的整数，赋值给变量 N_1；

② 利用随机函数生成一个[30，100）区间内的整数，赋值给变量 N_2；

③ 计算 N_1 和 N_2 的积，赋值给变量 M；

④ 输出结果。

以文件名“mul.rap”保存。

6.2.4 RAPTOR 数组变量应用实验

1. 实验目的

（1）了解 RAPTOR 中数组变量的概念和特点。

（2）掌握数组定义和使用方法。

（3）掌握使用数组处理批量数据的方法。

2. 实验内容

（1）应用数组处理批量数据的算法流程。

一个班级共 60 名学生参加计算机等级（二级）考试。设计算法流程，输入每个学生的成绩，计算和输出平均成绩，并打印输出所有学生的成绩。

① 问题分析。

根据问题描述可知，这是一个批量数据处理问题，可以定义一个数组变量，用于接收从键盘上输入的每一个学生的成绩并输出该成绩，然后通过求平均值的方法计算出平均成绩，将平均成绩的值存储在变量 avg 中。

② 算法步骤。

该问题的算法步骤简单，可以直接在 RAPTOR 中设计该问题的算法流程，并以“score.rap”文件名保存。

（2）将一个字符串逆序输出。

① 问题分析。

将输入的字符串存入变量 str，以字符数组的形式访问 str，对 str 做逆序处理并输出。用两个变量 i 和 j 分别表示该字符数组首部元素下标和尾部元素下标，“str[i]”和“str[j]”的值做交换；变量 i 的值从 1 开始依次加 1，变量 j 的值从数组尾部开始依次减 1，当 $i \geqslant j$ 时结束元素互换。

② 算法步骤。

a. 从键盘上输入一个字符串，存入变量 str 中；

b. 变量 i 赋初值 1，变量 j 赋初值为该字符串长度；

c. 当 $i \geqslant j$ 时，程序跳转执行④，结束元素互换，否则对字符数组中首尾对称位置的元素进行互换；

d. 输出结果。

以“str.rap”文件名保存。

提示 本实验中要用循环流程进行控制，需先预习 7.1 节中的基础知识。

第7章 算法设计基础

在前一章中，我们详细介绍了算法工具 RAPTOR 的一些基础知识和实验环境，并做了大量的基础算法实验。在此基础上，本章进一步介绍算法设计，主要内容包括算法控制结构设计、子过程、迭代、穷举、递归、排序、查找以及数值概率等常用算法的设计。通过做大量的算法设计实验，读者可充分理解和掌握在 RAPTOR 环境中如何设计和推演各种算法。

7.1 算法的控制结构

算法的控制结构包括顺序结构、选择结构和循环结构。本节首先介绍相关理论知识，然后编写了在 RAPTOR 环境中的 3 个算法设计实验。

7.1.1 算法的控制结构概述

1. 顺序结构

顺序结构是最简单的控制结构，即按各个符号的先后顺序依次执行。顺序结构体现了算法的基本框架：输入（输入所需的数据或对所需数据进行赋值）、处理（对数据进行处理）、输出（对数据进行输出）。顺序结构是最简单的算法结构，也是最重要的算法结构，它表明计算过程是按顺序执行的。

2. 选择结构

在实际问题中，需要根据条件判断程序如何执行，如“如果明天有 6 级以上台风，我们就不上课，否则就上课”，这里的“明天是不是有 6 级以上台风”是判断“是否上课”的条件。因此，选择结构设计的关键是判断条件的逻辑真假。

RAPTOR 程序中的选择结构使用一个菱形符号表示，用“YES”或“NO”表示条件的求解结果。程序执行时，要根据条件是否成立，选择不同的操作，如图 7-1 所示。

3. 循环结构

循环结构会重复执行一个或多个语句，直到条件表达式的值为真，则结束循环，如图 7-2 所示。

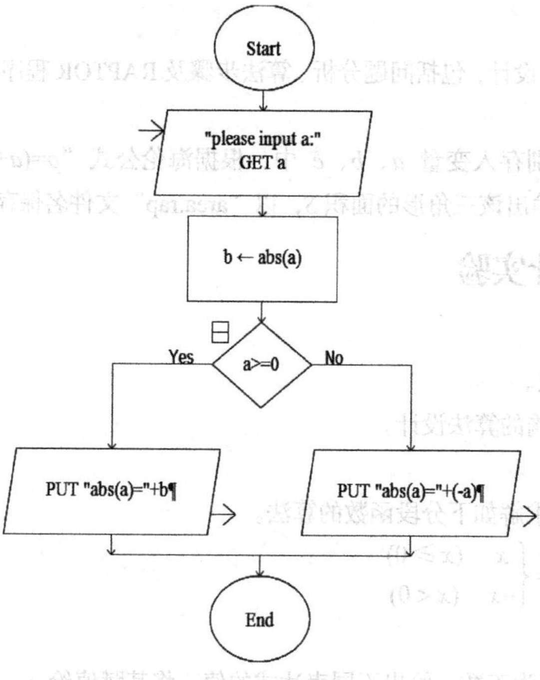

图 7-1 选择结构

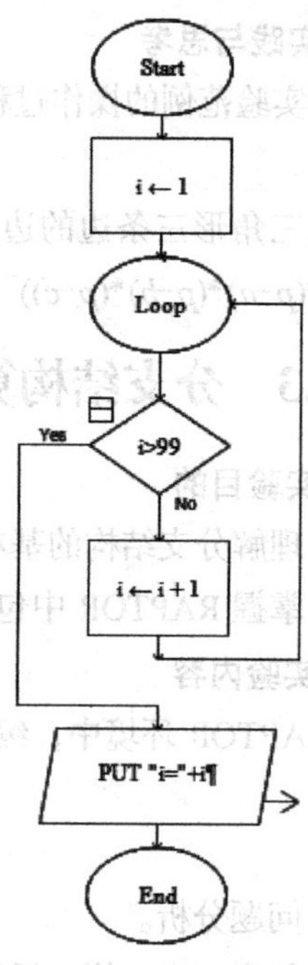

图 7-2 循环结构

7.1.2 顺序结构算法设计实验

1. 实验目的

（1）理解顺序结构的基本算法思想。

（2）掌握顺序结构在 RAPTOR 中的设计方法。

2. 实验内容

在 RAPTOR 中编写一个将华氏温度转换成摄氏温度并输出的算法流程。

（1）问题分析。

输入一个华氏温度值，然后将其转换成摄氏温度值并输出，算法：$c=(f-32)/1.8$。

（2）算法步骤。

① 输入 f 值。

② 给 c 直接赋值，$c \leftarrow (f-32)/1.8$。

③ 输出 c 的值。

（3）在 RAPTOR 环境中完成上述算法的具体操作步骤如下。

① 打开 RAPTOR 后，新建一个文件并保存，将文件命名为“顺序结构.rap”。

② 单击 RAPTOR 符号窗口中的“输入”符号，在输入框中进行输入操作，可参阅 6.2 节中的操作步骤。

③ 插入一个“赋值”框，在“Assignment”对话框中根据温度转换公式编辑赋值语句的内容。

④ 选中“输出”符号，插入“输出”框，在“输出”对话框中编辑要输出的内容。

⑤ 运行该程序，跟踪执行过程中变量的值。观察算法的执行过程，理解顺序结构执行的过程。

3. 实践与思考

依据实验范例的操作过程完成算法设计，包括问题分析、算法步骤及 RAPTOR 程序中的算法实现。

输入三角形三条边的边长值，分别存入变量 a、b、c 中，根据海伦公式"$p=(a+b+c)/2$，$S=\text{sqrt}(p*(p-a)*(p-b)*(p-c))$"，计算并输出该三角形的面积 S，以"area.rap"文件名保存。

7.1.3 分支结构算法设计实验

1. 实验目的

（1）理解分支结构的基本算法思想。

（2）掌握 RAPTOR 中包含分支机构的算法设计。

2. 实验内容

在 RAPTOR 环境中，编写并运行求解如下分段函数的算法。

$$y=\begin{cases} x & (x\geqslant 0) \\ -x & (x<0) \end{cases} \tag{7-1}$$

（1）问题分析。

输入任意一个 x 值，根据 x 值是否为正数，给出不同表达式的值，将其赋值给 y。

（2）算法步骤。

① 输入 x 的值。

② 如果 $x\geqslant 0$，则 $y=x$；否则，$y=-x$。

③ 输出 y 的值。

（3）在 RAPTOR 环境中完成上述算法的具体操作步骤如下。

① 打开 RAPTOR 后，新建一个文件并保存，将文件命名为"分支结构.rap"。

② 单击 RAPTOR 符号窗口中的"输入"符号进行输入操作。

③ 在窗口符号区单击"选择"符号，在"选择"对话框中输入决策表达式"$x\geqslant 0$"，并单击"确定"按钮。

④ 在左、右分支上各插入一个"赋值"框，在"赋值"框中编辑赋值语句，从而得到两个赋值语句。

⑤ 选择"输出"符号，插入"输出"框，在"输出"对话框中编辑输出语句。

⑥ 运行该程序，并跟踪执行过程中变量的值。观察算法的执行过程，理解选择结构的执行原理。

3. 实践与思考

依据实验范例的操作过程完成算法设计，包括问题分析、算法步骤及 RAPTOR 程序中的算法实现。

（1）出租车的计费规则可用式（7-2）所示的分段函数表示，输入里程，计算车费，以"分段函数.rap"文件名保存。

$$f=\begin{cases} 10 & (s\leqslant 3) \\ 10+(s-3)\times 2.5 & (20\geqslant s>3) \\ 10+(s-3)\times 3.5 & (s>20) \end{cases} \tag{7-2}$$

注：路程用变量 s 表示，车费用变量 f 表示。

提示 此题出现了三个选择，需使用级联选择（也称嵌套选择）实现。第一级的选择条件是“s≤3”，在第一级选择的“No”分支上，再插入一个选择语句。

（2）判断某年是否是闰年（能被 4 整除但不能被 100 整除，或能被 400 整除），如 2000 年、2012 年是闰年，2013 年、2014 年是平年。以“闰年.rap”文件名保存。

提示 输入一个年份“Year”时，其取值范围为 1900～9999，且“Year”满足闰年的条件是“(Year mod 4=0 and Year mod 100>0) OR (Year mod 400=0)”。如果该年是闰年，则输出“Yes”，否则输出“No”。

7.1.4 循环结构算法设计实验

1. 实验目的

（1）理解循环结构的基本算法思想。

（2）基本掌握 RAPTOR 中包含循环结构的算法设计。

2. 实验内容

在 RAPTOR 编程环境中，编写并运行求解任意正整数 *N*!的算法。

（1）问题分析。

$N!=1\times2\times3\times\cdots\times N$，用循环结构解决问题，循环次数由 *N* 值决定。

（2）算法步骤。

① 使 P=1，I=1。

② 输入任意正整数 *N*。

③ 如果 I 小于 N，执行④，否则执行⑦。

④ 把 P*I 的乘积放入 P 中。

⑤ 把 I+1 的值再放回 I 中。

⑥ 返回执行③。

⑦ 输出 P 中存放的 *N*!值。

（3）在 RAPTOR 中完成此算法的操作步骤如下。

① 打开 RAPTOR 后，新建一个文件并保存，将文件命名为“循环结构.rap”。

② 添加赋值语句“P←1”和“I←1”。

③ 添加输入语句，为变量 N 输入值。

④ 在其后添加一个循环语句，双击“循环语句”框，弹出“循环”对话框，在对话框中输入跳出循环的条件“I>N”，然后单击“完成”按钮。

⑤ 在选择语句“No”下方添加赋值语句“P←P*I”。

⑥ 再在“P←P*I”下方继续添加赋值语句“I←I+1”，如图 7-3 所示。

⑦ 在选择语句“Yes”下方添加输出语句，输出 *N*!的值。

⑧ 运行该程序，观察运行过程中变量值的变化。从主控台窗口中

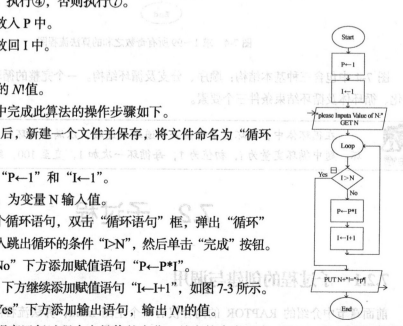

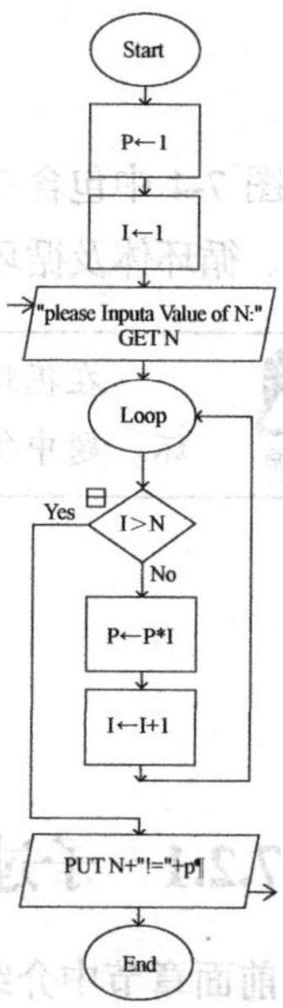

图 7-3　求 *N*!的算法流程图

可获得程序的运行次数和 N!的计算值。

3. 实践与思考

依据实验范例的操作过程完成算法设计，包括问题分析、算法步骤及 RAPTOR 环境中的算法实现。

（1）求出所有三位数的水仙花数（将文件命名为“水仙花数.rap”）。

水仙花数是指一个 n 位的正整数，其每一位数的 n 次幂之和等于它本身，如 $153 = 1^3+5^3+3^3$，因此 153 是水仙花数。用穷举算法求解三位数的水仙花数。在 RAPTOR 环境中完成此算法，输出每个水仙花数，一个数占一行。

（2）求 1～99 所有奇数之和（将文件命名为“奇数和.rap”），算法流程如图 7-4 所示。

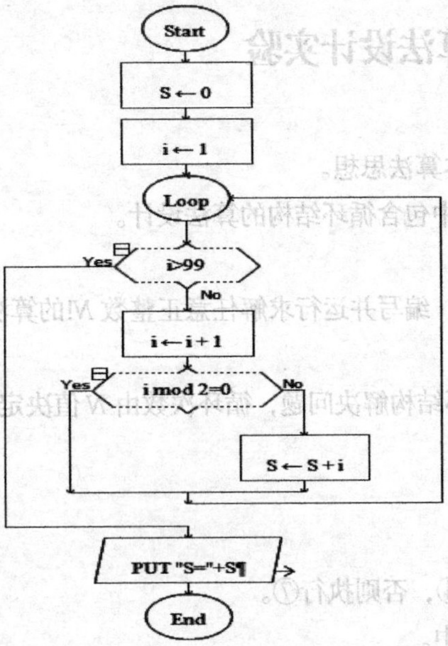

图 7-4　求 1～99 所有奇数之和的算法流程图

图 7-4 中包含三种基本结构：顺序、分支及循环结构。一个完整的循环结构包括循环变量初始化、循环体及循环结束条件三个要素。

注意　在循环体中，循环变量的值必须递增或递减，以满足循环结束条件，否则就是死循环。题中循环变量为 i，初值为 1，每循环一次加 1，直至 100，结束循环。

7.2　子过程

7.2.1　子过程的创建与调用

前面章节中介绍的 RAPTOR 的内容仅有一个主图 main，算法流程图的设计操作都在主图 main 中完成。进行稍微复杂一点的问题求解时，仅仅使用 main 主图设计算法是很难完成的，设计出来的流程图会冗长，结构不清晰。我们可将复杂问题分解成若干个子问题进行求解，每个子问题完成一个特定的功能（子过程），在主图 main 中调用这些功能，从而实现问题求解。

1. 创建子过程的方法

创建子过程（子程序）的方法与步骤如下。

（1）单击主菜单的“模式”选项，在下拉菜单中选择“中级”。

（2）在主图“main”标签上单击鼠标右键，在弹出的菜单中选择“增加一个子程序”，弹出“创建子程序”对话框，输入子程序名和参数名，如图 7-5 所示。

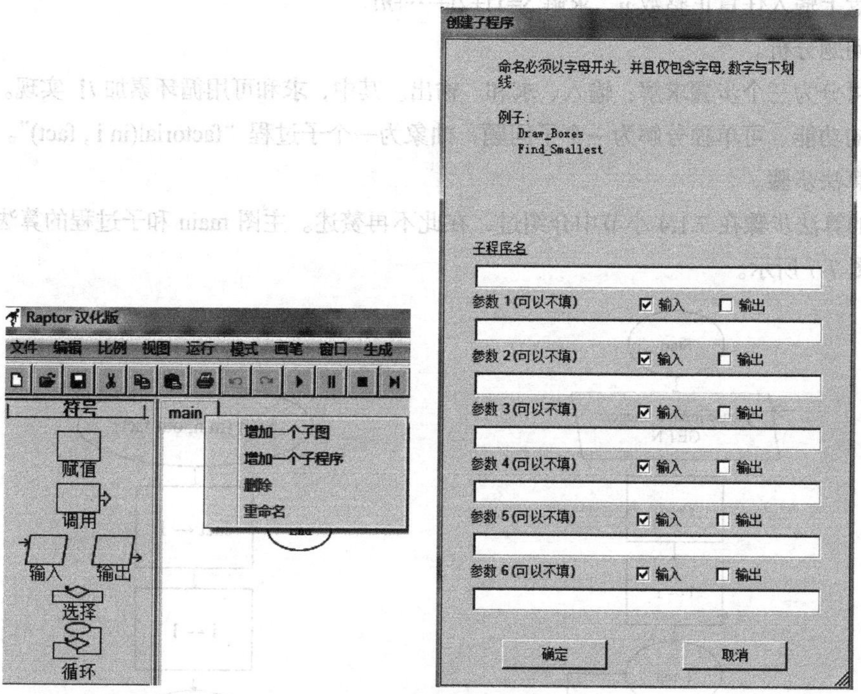

图 7-5　子过程的创建

其中，“子程序名”必须是合法的 RAPTOR 标识符，“参数”是调用子过程时需要传递的数据。参数分为形式参数和实际参数，在主图 main 中调用子过程的参数为实际参数，简称“实参”，在定义子过程时定义的参数为形式参数，简称“形参”。

（3）参数定义形式包括以下三种传递方式。

① 输入（Input）：正向传递，参数从调用向被调用过程单向传递，即将实参赋给形参。

② 输出（Output）：逆向传递，参数从被调用向调用过程单向传递，即将形参赋给实参。

③ 输入/输出（Input/Output）：双向传递，参数从调用向被调用过程双向传递。

2. 子过程的调用

算法流程从主图 main 的“Start”开始执行，当执行到调用子过程时需要执行以下步骤。

① 主图 main 在调用处暂停执行。

② 转向调用子过程时，实参值一一对应传递给形参。

③ 执行子过程。

④ 子过程执行结束，形参把值通过 Output 返回给 main 对应的实参，并继续执行调用语句的

下一个语句。

7.2.2 子过程的算法设计实验

1. 实验目的

（1）理解子过程的基本算法思想。

（2）掌握子过程被调用的算法流程。

2. 实验内容

从键盘上输入任意正整数 *n*，求解 *S*=1!+2!+⋯+*n*!。

（1）问题分析。

本题可分为三个步骤求解：输入、求和、输出。其中，求和可用循环累加 *i*! 实现。求 *i*!是要反复执行的功能，可单独分解为一个子问题，抽象为一个子过程“factorial(in i , fact)”。

（2）算法步骤。

求 *i*!的算法步骤在 7.1.4 小节中介绍过，在此不再赘述。主图 main 和子过程的算法流程图如图 7-6 和图 7-7 所示。

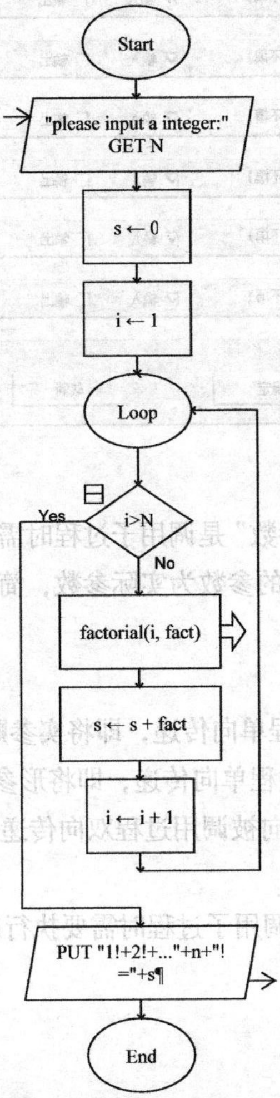

图 7-6 求 *n*!的累加和的算法流程图（主图）

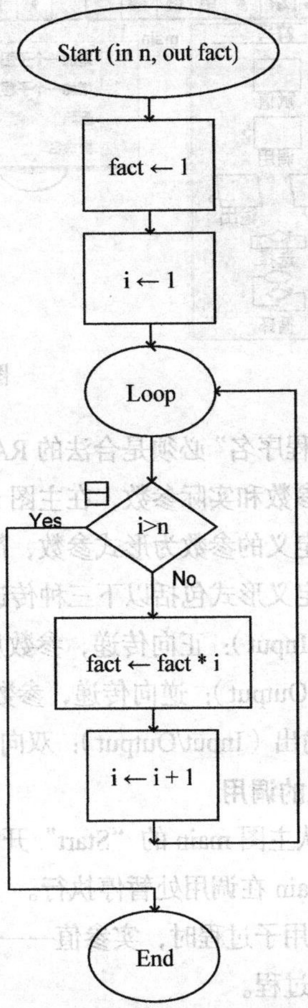

图 7-7 求 *n*!的累加和的算法流程图（子过程图）

3. 实践与思考

依据实验范例的操作过程完成算法设计，包括问题分析、算法步骤及 RAPTOR 环境中的算法实现。

在 RAPTOR 环境中求解 $C_n^m=\dfrac{n!}{m!(n-m)!}$（$n$、$m$ 均为正整数，将文件命名为“Cmn.rap”）。

7.3　迭代（递推）算法

7.3.1　迭代（递推）算法思想

迭代算法也叫递推算法或辗转算法，是一种不断用变量的旧值递推出变量新值的过程。迭代算法是用计算机解决问题的一种基本方法。它利用计算机运算速度快、适合做重复性操作的特点，让计算机重复执行一组操作，并且每操作一次，都依变量的原值推出它的一个新值。

在使用迭代算法解决问题时，需要做好以下三个工作。

（1）确定迭代变量及初始值，至少要有一个迭代变量及其初始值。

（2）建立迭代关系式。确立依据变量的前一个值推出其下一个值的公式或关系，通常可以使用递推或倒推的方式建立迭代关系式。

（3）对迭代算法进行控制。确定迭代结束条件，防止迭代不能终止。

7.3.2　斐波那契（Fibonacci）数列与素数问题

1. 实验目的

（1）理解迭代（递推）算法的基本思想。

（2）在 RAPTOR 环境下，利用迭代算法分析问题并设计算法流程。

2. 实验内容

（1）斐波那契（Fibonacci）数列。

斐波那契（Fibonacci）数列问题是一个典型的迭代问题。该数列的前两个数据项（第 0 项和第 1 项）都是 1，从第 3 项开始，其后每一项都是其前两项之和。

① 问题分析。

根据数列的定义，我们可分别进行以下三方面的工作。

a. 可确定出迭代变量和初值。假设数列的第 0 项为 f_0，第 1 项为 f_1，第 2 项为 f_2，依次类推，用 f_n 表示第 n 项。初始值为：$f_0=f_1=1$。

b. 建立迭代关系式。从第 3 项开始，其后每一项都是其前两项之和，由此可以确定 $f_n=f_{n-1}+f_{n-2}$（$n\geqslant 2$）。从算法表示和设计的角度看，我们可明确用 f_2 代表 f_n，用 f_1 代表 f_{n-1}，用 f_0 代表 f_{n-2}，构成如下迭代公式：$f_2=f_0+f_1$：$f_0=f_1$：$f_1=f_2$。

c. 对迭代过程进行控制。引入当前迭代求得的项数变量 i，控制迭代过程。当 i 等于 10 时即结束迭代。

② 算法步骤。

输出斐波那契（Fibonacci）数列的前 10 项，其算法步骤如下。

```
Start
i←2
f0,f1 ←1
Output f0,f1
While (i<10) do
    f2←f0+f1
    Output f2
    i ←i+1
    f0 ←f1
    f1 ←f2
End while
End
```

（2）素数问题。

① 问题分析。

判断一个正整数是否是素数。如果是，则输出 Yes；否则，输出 No。素数是指只能被 1 和它本身整除的数。判别方法为：将 n（n>2）作为被除数，用 n 除以 2～(n−1)的所有整数，如果都不能被整除，则 n 为素数。

② 算法步骤。

Step 1：输入 n 的值。

Step 2：令 flag 为 1。

Step 3：令 j=2（j 为除数）。

Step 4：如果 $j \leqslant n-1$，并且 flag 为 1，执行 Step 4-1；否则，执行 Step 5。

Step 4-1：如果 n mod j 等于 0，则令 flag 为 0。

Step 4-2：j 的值递增 1。

Step 4-3：返回第 4 步的开头继续执行。

Step 5：如果 flag 的值为 0，则 n 不是素数，输出“No”，否则输出“Yes”。

在判断素数的过程中，如果 n 是素数，j 的值从 2 一直递增到 n，才能终止循环，需要迭代 n−3 次。在实际编程时，可减少迭代的次数，如 j 的值从 2 递增到“floor(sqrt(n))”即可判断是素数。

3. 实践与思考

（1）在 RAPTOR 环境中输出斐波那契（Fibonacci）数列的前 10 项，完成此算法设计并以文件名“fib.rap”保存，查看运行结果和运算次数。

（2）参照上述素数问题的算法描述，在 RAPTOR 环境中完成此算法的流程图，在程序的执行过程中观察变量 flag 的值和运算次数，以文件名“prime.rap”保存。

（3）猴子第一天摘下若干个桃子，当即吃了一半后又多吃了一个，第二天又将剩下的桃子吃掉一半后再多吃了一个，以后每天都吃了前一天剩下的一半加一个。到第 10 天早上，猴子想再吃时，只剩下一个桃子了，求解第一天共摘了多少个桃子。在 RAPTOR 环境中完成此算法设计，在程序执行过程中查看运行结果和运算次数，以文件名“monkey.rap”保存。

7.4 穷举算法

7.4.1 穷举算法思想

穷举算法也叫蛮力法或枚举法，其基本思想是逐一列出问题可能涉及的所有情形，并根据问题的条件对各个解进行逐个检验，从中挑选出符合条件的解，舍弃不符合条件的解。例如，求 1～100 中能被 3 整除的所有整数时，就需要对 1～100 的所有整数进行枚举，逐一判断是否能被 3 整除。

穷举算法通常使用循环结构实现。在循环体中，根据求解的具体条件，应用选择结构进行筛选，并确定问题的解。应用穷举算法求解问题的步骤如下。

（1）确定穷举对象。

（2）确定穷举的范围。根据问题的实际情况，设计枚举循环。

（3）确定筛选条件。根据问题要求，确定解的筛选条件。

（4）在 RAPTOR 环境中设计算法流程并验证其正确性。

7.4.2 使用穷举算法求解不定方程

1. 实验目的

（1）理解穷举算法的基本思想。

（2）在 RAPTOR 环境下，利用穷举算法的思想分析和解决问题。

2. 实验内容

在 4.2 节中，我们介绍了应用 Excel 规划求解进行企业生产计划优化的问题，在问题规模可控的范围内，也可用穷举算法求解。

生产 A 产品的单位成本为 150 元，单位时间为 0.3 小时，每一件产品的利润为 200 元；生产 B 产品的单位成本为 200 元，单位时间为 0.5 小时，每一件产品的利润为 260 元；生产 C 产品的单位成本为 250 元，单位时间为 0.8 小时，每一件的利润为 310 元。根据下月订单和库存情况，该月 A 产品至多生产 120 件，B 产品至多生产 100 件，C 产品至多生产 80 件，该月能生产的时间限制为 240 小时。现需要按两种方案进行生产规划，分别计算出最低成本和最大利润。若对成本进行生产规划，要求每月实现的利润至少为 120000 元；若对利润进行生产规划，要求每月的成本不高于 60000 元。

根据上述需求，假设 A、B、C 三种产品的产量分别为 x、y、z，成本最小化函数为 $f_{\min}(x, y, z)$，利润最大化函数为 $f_{\max}(x, y, z)$。

（1）求解成本最小化问题的数学模型如下。

① $f_{\min}(x, y, z)=150x+200y+250z$。（7-3）

② $200x+260y+310z \geq 120000$。（7-4）

③ $0.3x+0.5y+0.8z \leq 240$。（7-5）

④ $x>0$，$x \leq 120$；$y>0$，$y \leq 100$；$z>0$，$z \leq 80$。（7-6）

（2）求解利润最大化问题的数学模型如下。

① $f_{\max}(x, y, z)=200x+260y+310z$。（7-7）

② $0.3x+0.5y+0.8z \leq 240$。（7-8）

③ $150x+200y+250z \leq 60000$。（7-9）

④ $x>0$，$x\leqslant120$；$y>0$，$y\leqslant100$；$z>0$，$z\leqslant80$。 (7-10)

以成本最小化为例，在 RAPTOR 环境中运用穷举算法求解。

（1）问题分析。

① 穷举的对象为三种产品的数量 x、y、z。

② 穷举对象的范围见式（7-6），可用三重循环组合出每一个样例。

③ 筛选条件见式（7-4）、式（7-5）。此外，本题为优化问题，在符合条件的组合中再用式（7-3）所示的目标函数求最小值。

（2）算法步骤。

算法流程图如图 7-8 所示。

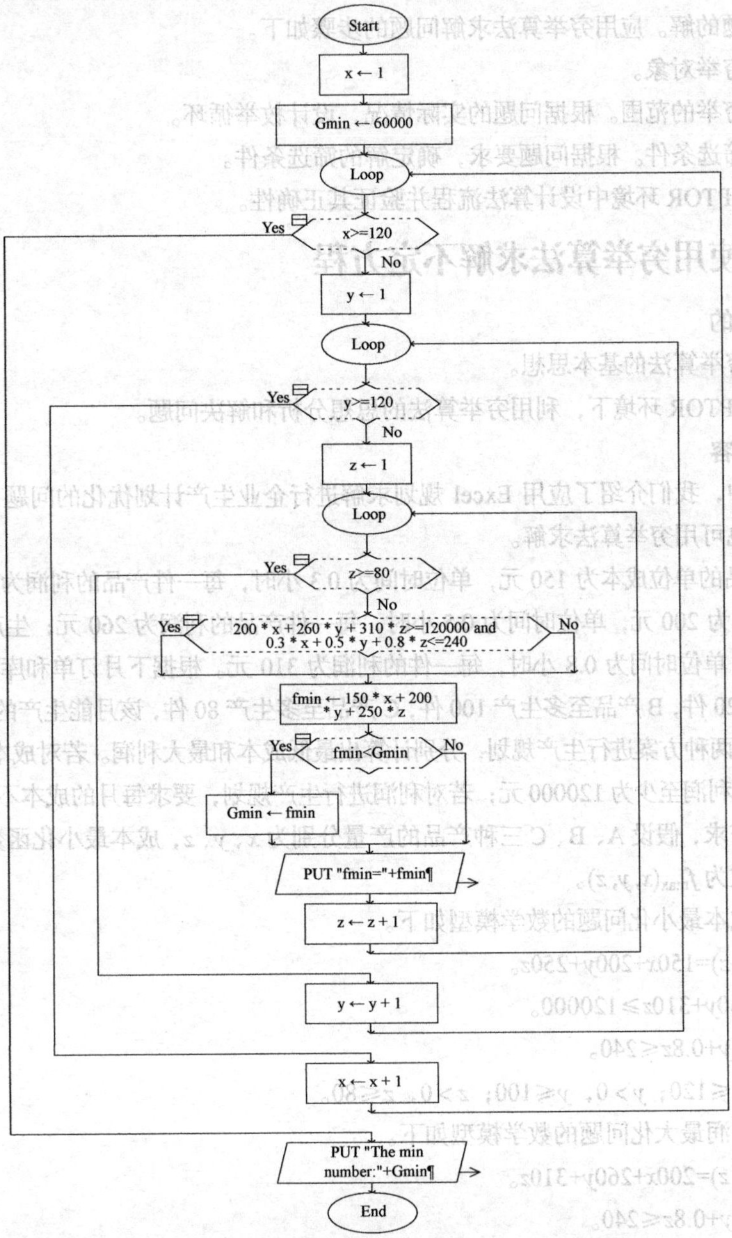

图 7-8　运用穷举算法求解成本最小化问题流程图

3. 实践与思考

（1）参照图 7-8 设计求解利润最大化问题的算法流程，并以文件名“fmax.rap”保存。思考：改进算法，借助筛选条件，减少循环重数和循环次数。

（2）依据上述分析问题与解决问题的思路，完成以下“百元买百鸡问题”的算法设计，写出问题分析、算法步骤及 RAPTOR 环境中的算法实现，以文件名“ji100.rap”保存。

“百元买百鸡问题”：有一个人有 100 元，打算买 100 只鸡。到市场一看，公鸡一只 3 元，母鸡一只 5 元，小鸡 3 只 1 元，试求用 100 元买 100 只鸡，各为多少只才合适？

7.5 递归算法

7.5.1 递归算法思想

递归算法的实质是一种简化复杂问题求解的方法，它将问题简化直至趋于已知条件。递归算法实际上是把问题转化为规模缩小了的同类问题的子问题，然后用递归调用函数或过程来表示问题的解。递归需要有边界条件、递归前进段和递归返回段。当递归条件不能被满足时，递归过程前进；当递归条件被满足时，递归过程返回。在使用递归算法时，应注意如下几点。

（1）递归是在过程或函数中调用自身或间接调用自身的过程。

（2）在使用递归算法时，必须有一个明确的递归终止条件，称之为递归口。

（3）一般递归过程需要通过子程序传递参数，而在 RAPTOR 环境中要实现子程序的参数调用，必须使用中级模式。

7.5.2 使用递归算法求 *n*!

1. 实验目的

（1）理解递归算法的基本思想。

（2）在 RAPTOR 环境下，利用递归算法的思想分析和解决问题。

2. 实验内容

使用递归算法求 *n*!。

（1）问题分析。

假设求整数 5 的阶乘，在求解的时候可将 factorial(5)分解为 5 × factorial(4)，将 factorial(4)分解为 4×factorial(3)……直到递归条件 factorial(0)等于 1，然后程序进入一个回溯过程，由 factorial(0)等于 1 求得 factorial(1)，由 factorial(1)求得 factorial(2)……最后由 factorial(4)求得 factorial(5)，函数递归调用结束。因此，求 *n*!问题的递归算法分为逆向递推和回归两个阶段。

Step1：将 factorial(*n*)分解为 factorial(*n*−1)。
Step 2：将 factorial(*n*−1)继续分解为 factorial(*n*−2)。
……
Step *n*：以此类推，直至计算到 factorial(0)。

（Step1 至 Step *n*：逆向递推阶段）

Step(*n*+1)：依据 Step *n* 的结果，返回 factorial(1)。
Step(*n*+2)：依据 Step(*n*+1)的结果，返回 factorial(2)。
……
Step(2*n*)：在得到 factorial(*n*−1)的结果后，返回 factorial(*n*)。
（以上为回归阶段）

在逆向递推阶段，必须要有终止递归的情况，如上面的函数 factorial(*n*)中，*n* 为 0 就是终止递归的递归口。同样，在回归阶段，当获得最简单情况的解后，逐级返回，依次得到稍复杂问题的解。

从以上分析中可知，求 *n*!的递归关系式（函数）和递归结束条件为：

$$\text{factorial}(n)=\begin{cases}1 & (n=0)\\ n\times \text{factorial}(n-1) & (n>0)\end{cases} \tag{7-11}$$

（2）算法步骤。

用自然语言描述算法步骤如下。

① 递归子过程 factorial(in *n*, out fac)。

Step 1：判断 *n*=0 是否成立。如成立，则 fac←1，程序运行结束；否则，转入 Step 2。

Step 2：计算第 *n*−1 项，即 factorial(*n*−1, fac)。

Step 3：fac←*n*×fac。

② 主图 main。

Step 1：输入 *n* 的值。

Step 2：调用递归子程序求解 factorial(*n*, fac)。

Step 3：输出结果，程序结束。

在 RAPTOR 环境中的算法流程如图 7-9 所示。

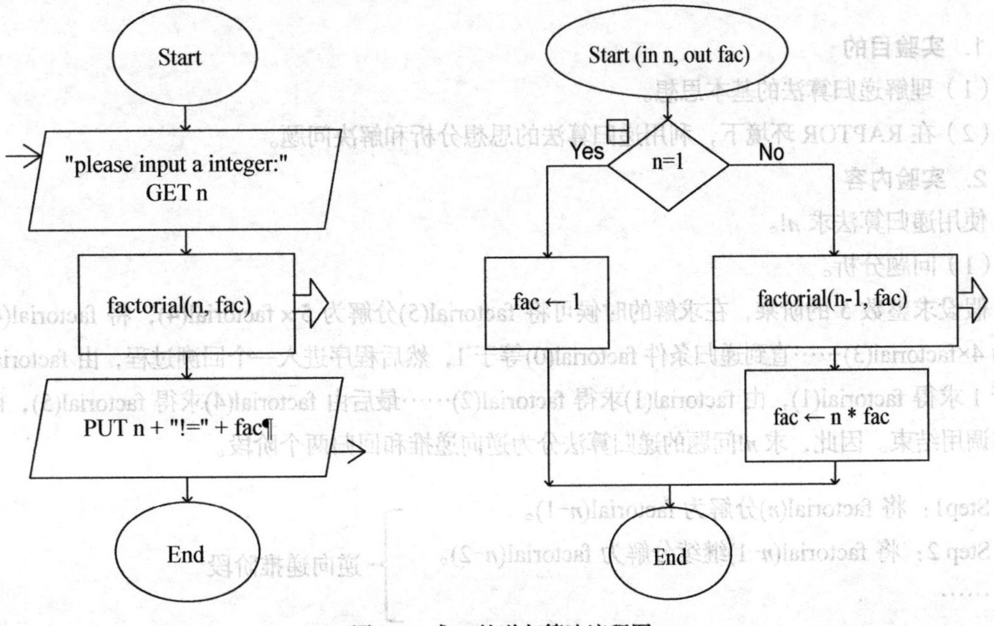

图 7-9　求 *n*!的递归算法流程图

3. 实践与思考

（1）用递归算法输出 7.3.2 小节中斐波那契（Fibonacci）数列的第 n 项（n 由键盘输入）。

（2）求两个正整数 m 和 n 的最大公约数，可用以下公式表示：

$$\gcd(m,n)=\begin{cases} n & (r=0) \\ \gcd(n,r) & (r\neq 0) \end{cases}\quad 其中，r=m \bmod n。\tag{7-12}$$

然后在 RAPTOR 编程环境中完成此算法，在算法的执行过程中观察 r 值的变化情况。

（3）已知 x^n 可用公式表示为：

$$x^n=\begin{cases} x & (n=1) \\ x*x^{n-1} & (n>1) \end{cases}\tag{7-13}$$

定义一个递归函数 $f(x, n)$，用于求 x^n 的值。参照图 7-5、图 7-9，在主图中输入 x 和 n，调用 $f(x, n)$，输出 x^n 的值。

7.6 排序算法

7.6.1 数组与常用的排序算法

1. 数组及排序

排序是计算机程序设计中的一种重要操作。通常将需要排序的一组数据先保存在一个数组中，通过使用排序算法，交换数组元素的值，使得数组元素中的值呈一定的规律排列。排序算法有很多种，常见的也是较好理解的有选择排序法和冒泡排序法。

2. 选择排序法

假设数组 a 中有 n 个数据类型相同的元素，经过处理后，元素之间满足 $a[i]\leqslant a[i+1]$，即完成对数组 a 的升序排序。选择排序法的核心思想是如果未排好序的元素的最小下标为 i，在$[i, n]$下标范围内，寻找一个最小值所在的下标 j，将 $a[i]$和 $a[j]$中的值做交换，则 $a[i]$就已排好序。选择排序法可使用两种基本策略：求最小值、数据交换。每一趟选择排序只能排好一个元素。因此，对具有 n 个元素的数组进行选择排序，需经过 $n-1$ 趟选择排序才能完成。要完成第 i 个元素的选择排序，需要经过 $n-i$ 次关键字的比较，完整的一次选择排序需要进行 $n^2/2$ 次关键字比较。整个排序过程的具体排序流程如图 7-10 所示。

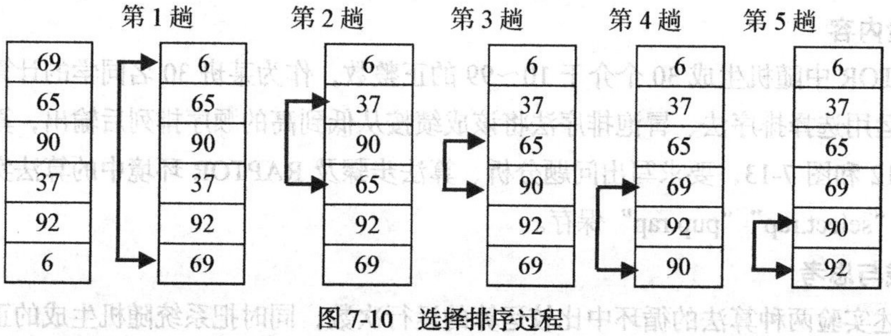

图 7-10　选择排序过程

（1）第 1 趟排序。从 n 个数中选出最小的数，与第 1 个数交换位置。

（2）除前 1 个数外，从其余 n−1 个数中选出最小的数，与第 2 个数交换位置。

……

（n−1）除前 n−2 个数外，从其余 2 个数中选出最小的数，与第 n−1 个数交换位置，完成最后一趟排序。

3. 冒泡排序法

冒泡排序法是一种简单的交换类排序方法，能够交换相邻的数据元素，从而逐步将待排序序列变成有序序列。其基本思想是：从数组的第 1 个元素开始，依次比较相邻的两个元素的大小，如果发现两个数组元素的次序相反就进行交换，如此重复地进行，直到没有反序的数组元素为止。下面以对数组 $a[n]$进行降序排序为例介绍冒泡排序的过程。

（1）将第 1 个数组元素与第 2 个数组元素进行比较，若 $a[1]<a[2]$，则交换，再比较第 2 个数组元素与第 3 个数组元素，依次类推，直到第 n−1 个数组元素与第 n 个数组元素比较完为止。第一趟冒泡排序的结果是将最小的数安置在最后一个数组元素的位置上。

（2）对前 n−1 个数组元素进行第二趟冒泡排序，结果将次小的数安置在第 n−1 个数组元素的位置上。

（3）重复上述过程，共经过 n−1 趟冒泡排序后，排序结束。具体排序流程如图 7-11 所示。

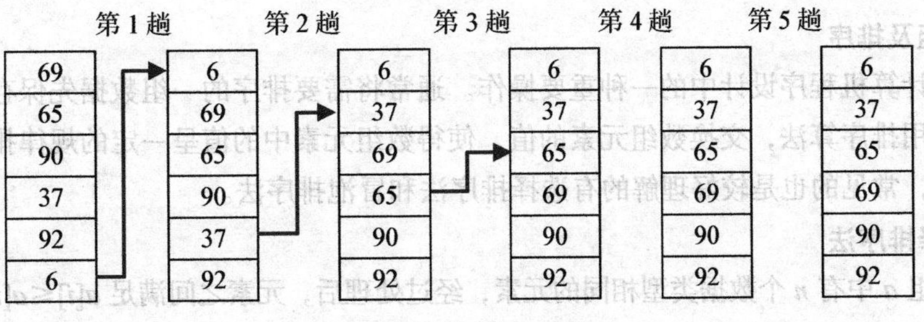

图 7-11 冒泡排序过程

7.6.2 排序算法设计实验

1. 实验目的

（1）理解分支、循环的含义。

（2）在 RAPTOR 环境中，利用选择排序法、冒泡排序法的思想分析和解决问题。

2. 实验内容

在 RAPTOR 中随机生成 30 个介于 10～99 的正整数，作为某班 30 名同学的计算机课程考试成绩，分别运用选择排序法、冒泡排序法将该成绩按从低到高的顺序排列后输出，算法流程设计可参照图 7-12 和图 7-13，要求写出问题分析、算法步骤及 RAPTOR 环境中的算法实现流程，分别以文件名“select.rap”“pup.rap”保存。

3. 实践与思考

观察上述实验两种算法的循环中比较运算的运行次数，同时把系统随机生成的正整数个数逐步增加，由 30 个增加到 60 个，再观察两种算法的循环中比较运算的运行次数。对两种算法的复杂度进行分析比较，总结它们的优缺点。

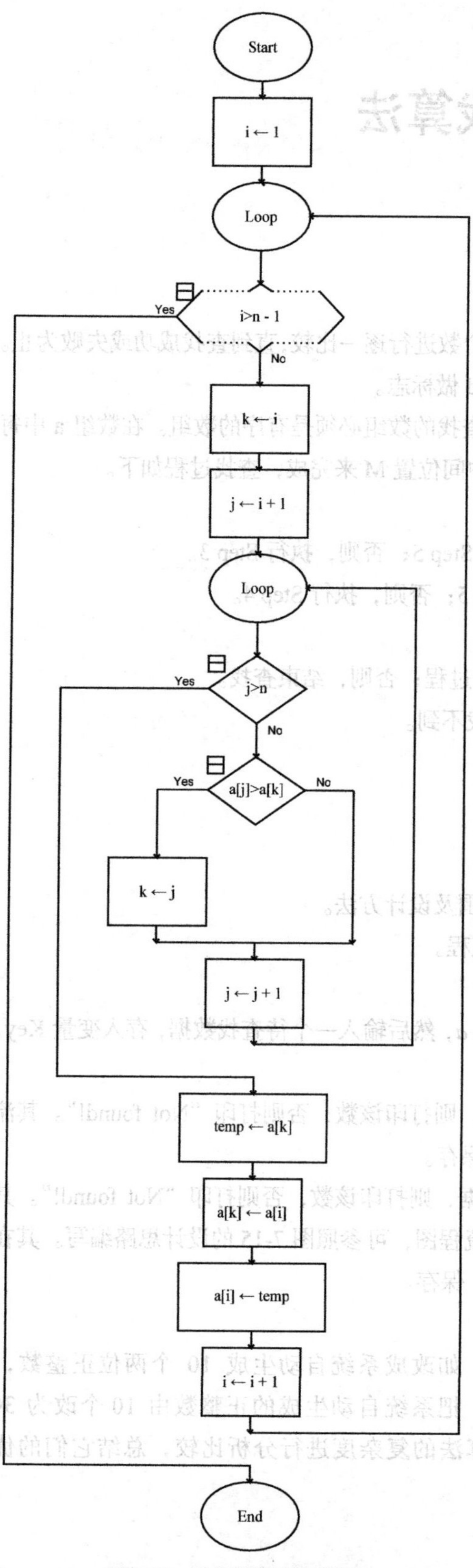

图 7-12　选择排序法流程图

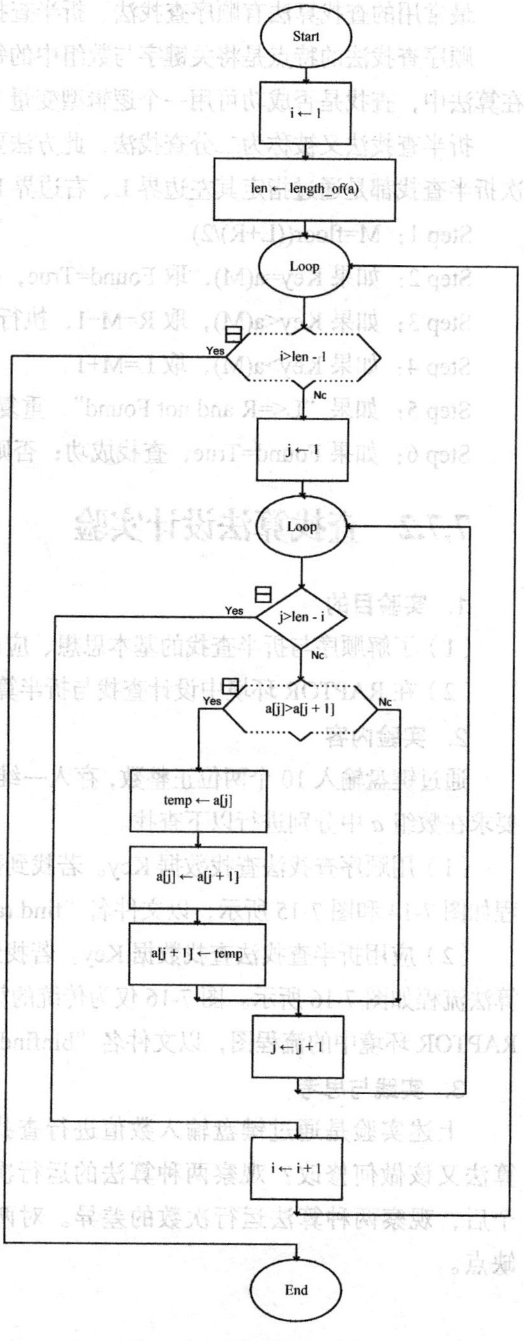

图 7-13　冒泡排序法流程图

7.7 查找算法

7.7.1 常用的查找算法

最常用的查找算法有顺序查找法、折半查找法。

顺序查找法的特点是将关键字与数组中的每一个数进行逐一比较,直到查找成功或失败为止。在算法中，查找是否成功可用一个逻辑型变量 Found 做标志。

折半查找法又被称为二分查找法，此方法要求查找的数组必须是有序的数组。在数组 a 中每次折半查找都是通过指定其左边界 L、右边界 R、中间位置 M 来完成，查找过程如下。

Step 1：M=floor((L+R)/2)。

Step 2：如果 Key=a(M)，取 Found=True，执行 Step 5；否则，执行 Step 3。

Step 3：如果 Key<a(M)，取 R=M−1，执行 Step 5；否则，执行 Step 4。

Step 4：如果 Key>a(M)，取 L=M+1。

Step 5：如果“L<=R and not Found”，重复以上过程；否则，结束查找。

Step 6：如果 Found=True，查找成功；否则，找不到。

7.7.2 查找算法设计实验

1. 实验目的

(1) 了解顺序与折半查找的基本思想、应用范围及设计方法。

(2) 在 RAPTOR 环境中设计查找与折半算法流程。

2. 实验内容

通过键盘输入 10 个两位正整数，存入一维数组 *a*，然后输入一个待查找数据，存入变量 Key，要求在数组 *a* 中分别进行以下查找。

(1) 用顺序查找法查找数据 Key。若找到数据，则打印该数，否则打印“Not found!”。其流程如图 7-14 和图 7-15 所示，以文件名“find.rap”保存。

(2) 应用折半查找法查找数据 Key。若找到数据，则打印该数，否则打印“Not found!”。其算法流程如图 7-16 所示。图 7-16 仅为传统的算法流程图，可参照图 7-15 的设计思路编写。其在 RAPTOR 环境中的流程图，以文件名“binfind.rap”保存。

3. 实践与思考

上述实验是通过键盘输入数值进行查找的，如改成系统自动生成 10 个两位正整数，算法又该做何修改？观察两种算法的运行次数，把系统自动生成的正整数由 10 个改为 30 个后，观察两种算法运行次数的差异。对两种算法的复杂度进行分析比较，总结它们的优缺点。

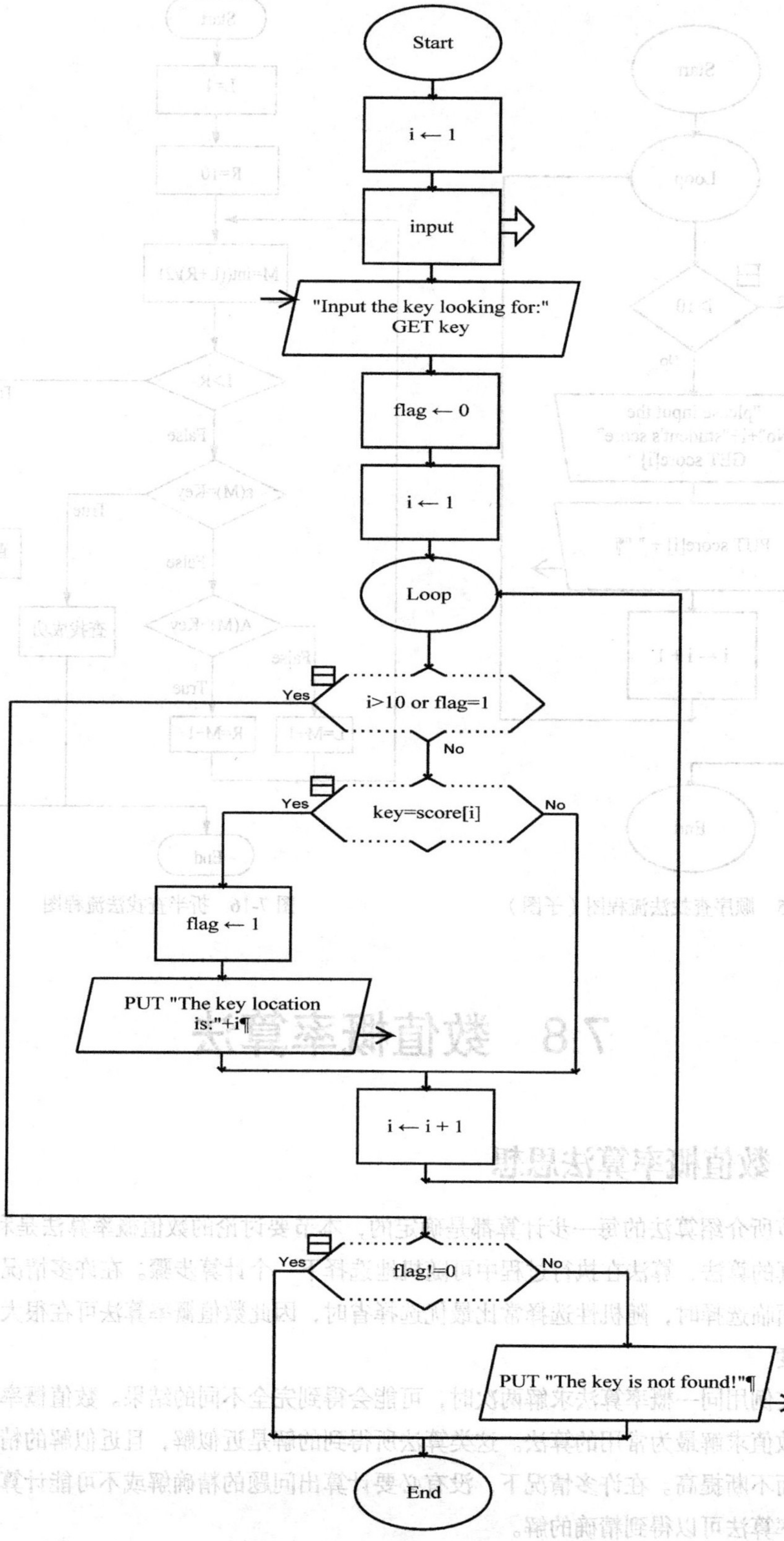

图 7-14　顺序查找法流程图（主图）

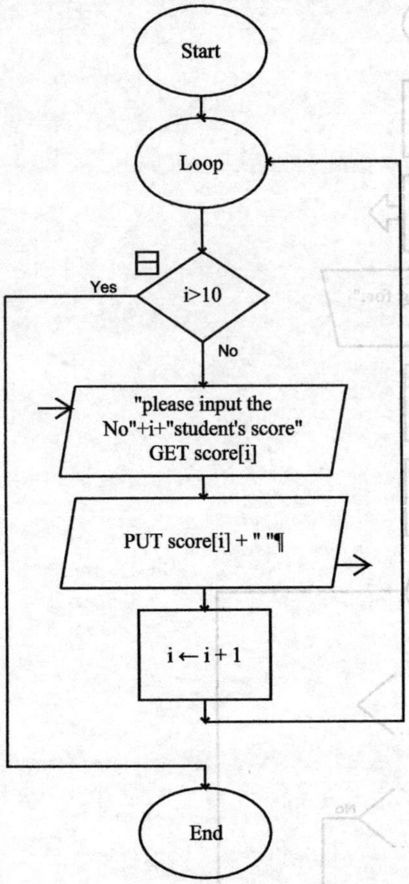

图 7-15　顺序查找法流程图（子图）

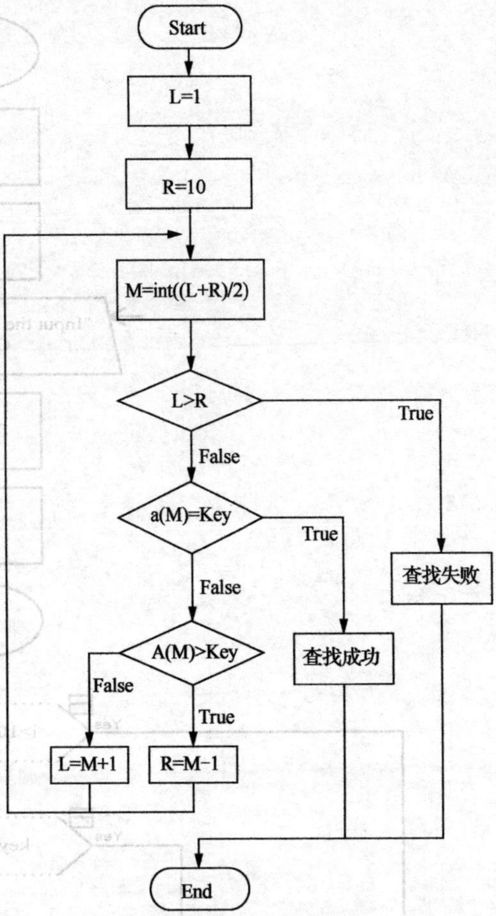

图 7-16　折半查找法流程图

7.8　数值概率算法

7.8.1　数值概率算法思想

前面各节所介绍算法的每一步计算都是确定的，本节要讨论的数值概率算法是利用 random 函数进行仿真的算法，算法在执行过程中可随机地选择下一个计算步骤。在许多情况下，算法在执行过程中面临选择时，随机性选择常比最优选择省时，因此数值概率算法可在很大程度上降低算法的复杂度。

对同一实例用同一概率算法求解两次时，可能会得到完全不同的结果。数值概率算法是概率算法中用于数值求解最为常用的算法。这类算法所得到的解是近似解，且近似解的精度随着计算时间的增加而不断提高。在许多情况下，没有必要计算出问题的精确解或不可能计算出精确解，利用数值概率算法可以得到精确的解。

随机数在概率算法中扮演着十分重要的角色。在计算机中用算法得到的统计性质上近似于

[0,1)区间上均匀分布的数一般称为伪随机数。随机数是[0,1)区间内的小数，在 RAPTOR 环境中，可将随机函数 rnd 乘以 10 的倍数，再使用向下取整函数 floor 或向上取整函数 ceiling 来获取相应范围内的一个随机整数。

7.8.2　数值概率算法实验

1. 实验目的

（1）了解数值概率算法思想。

（2）在 RAPTOR 环境下，设计数值概率算法的流程。

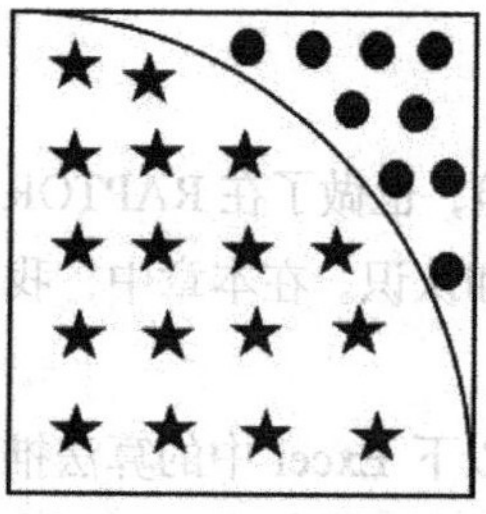

图 7-17　随机投掷飞镖

2. 实验内容

用随机投点法计算 π 的值。

（1）问题分析。

设有边长为 r 的正方形和半径为 r 的 1/4 圆，如图 7-17 所示。向上随机投掷飞镖，通过计算落在星星区域的飞镖数目占整个正方形区域飞镖数目的比例，即可求出 π 值。

公式推导如下：

$$\frac{\text{num(在星星区域的飞镖数目)}}{\text{total\_num(在整个正方形区域的飞镖数目)}}=\frac{\frac{1}{4}\pi r^2\text{(四分之一圆的面积)}}{r^2\text{(整个正方形的面积)}}$$

即 $\frac{\pi}{4}\approx\frac{\text{num}}{\text{total\_num}}$，当 num 值足够大时，π 值就可近似求出。

$$\pi\approx 4\times\frac{\text{num}}{\text{total\_num}}$$

（2）算法步骤。

假设正方形的边长 r 为 1，那么飞镖落在星星区域内任意点的坐标为(x,y)，其平方和(x^2+y^2)必然小于 1。在 RAPTOR 环境中，根据问题分析设计使用随机投点法计算 π 值的算法流程，并以“pi.rap”文件名保存。

第 8 章 Excel 中的算法

在前面章节中，我们做了大量的数据表示、数据计算和数据分析的实验，也做了在 RAPTOR 环境中的算法设计实验。通过这些实验训练，读者对算法有了初步的了解和认识。在本章中，我们将介绍 Excel 中的算法思想。

首先，我们在 Excel 窗口中打开工作簿文件“ExUtil.xlsx”，然后完成以下 Excel 中的算法推演实验。

8.1 递推计算

8.1.1 递推算法思想

从已知条件出发，依据一定的递推式，依次求出中间结果，直至得到最后结果的计算过程称为递推算法。递推算法是计算机求解问题的重要算法，它能使复杂运算转化为几个重复的简单运算，能充分发挥利用计算机进行重复处理的优势。简而言之，递推算法将问题分解、转换、抽象为循环结构，从而得以自动求解。

递推算法可分为顺推法和逆推法。

从已知条件出发逐步推导出问题的结论，称为顺推法。

从问题出发逐步推导出已知条件，得出结论，称为逆推法。

在 Excel 公式中，对单元格的相对引用，可实现对前项数据的引用。利用公式填充，逐个变更当前递推引用的单元格的值，可显式体现递推的计算过程，实现递推计算。

8.1.2 求斐波那契数列第 *m* 项的值

1. 实验目的

（1）理解递推算法的思想。

（2）在 Excel 环境下，利用递推算法计算斐波那契数列第 *m* 项的值。

2. 实验内容

（1）问题分析。

斐波那契数列是已知起点和递推公式的数列，公式如下。

$$f(n)=\begin{cases}1 & (n=0)\\ 1 & (n=1)\\ f(n-1)+f(n-2) & (n>1)\end{cases} \tag{8-1}$$

由第 0 项和第 1 项推出第 2 项，这是一个顺推的计算过程。计算斐波那契数列第 *m* 项值的算法可用顺推法表示为输入、循环计算、输出的过程，可参照 7.3 节。

（2）算法步骤。

单击工作表“斐波那契”，如图 8-1 所示，操作步骤如下。

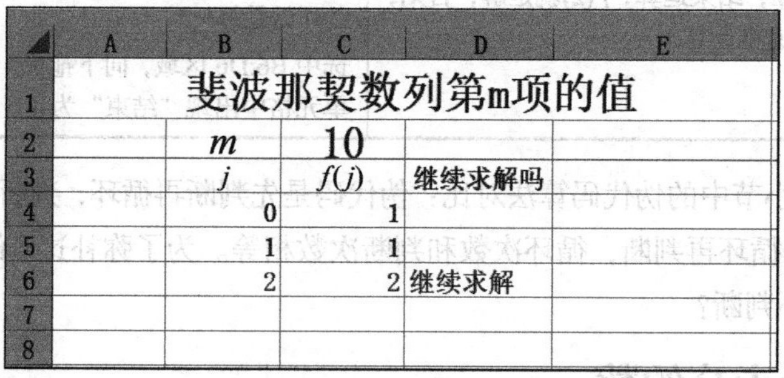

	A	B	C	D	E
1	斐波那契数列第m项的值				
2		*m*	10		
3		*j*	*f*(*j*)	继续求解吗	
4		0	1		
5		1	1		
6		2	2	继续求解	
7					
8					

图 8-1　计算斐波那契数列第 *m* 项的值

① 输入区域。

在“$C$2”单元格中输入 *m* 值。

② 初始化区域。

a. B4 表示第 0 项。

b. B5 表示第 1 项。

c. C4 表示第 0 项的值 1。

d. C5 表示第 1 项的值 1。

③ 循环体区域。

a. B6 表示第 *j* 项。

b. C6 表示第 *j* 项的值。

④ 循环条件区域。

D 列表示循环条件。

⑤ 输出区域。

C 列表示输出的斐波那契数列的值。

算法过程如表 8-1 所示。

表 8-1　求斐波那契数列第 *m* 项值的算法过程

项目	算法	Excel 实现
① 输入	输入正整数 *m*	在“$C$2”单元格中输入正整数
② 初始化	将第 0 项的值 1 存入 f_0 将第 1 项的值 1 存入 $f(1)$ 设 *j* 的初值为 1 $f(2)$为第 *j* 项的值 1	在 B4 单元格中输入 0，在 B5 单元格中输入 1 在 C4 单元格中输入 1，表示 B4 项对应的值 在 C5 单元格中输入 1，表示 B5 项对应的值 （注：B5 也对应 *j*，C5 对应 f_2）

续表

项目	算法	Excel 实现
③ 循环体	对 j=j+1 对 $f(2)$=$f(0)$+$f(1)$ $f(0)$=$f(1)$ $f(1)$=$f(2)$	在 B6 单元格中输入公式"=B5+1" 在 C6 单元格中输入公式"=C4+C5" （注：由于公式填充会自动改变相对引用单元格，无需更新 C4、C5 单元格的值）
④ 循环条件及输出	如果 j=m，结束运算，$f(2)$就是解；否则，转③（递推计算）	在 D6 单元格中输入公式 "=IF(B6<$C$2,"继续求解","结束")" C 列就是解 选中 B6:D6 区域，向下拖曳（递推计算），直到 D 列单元格中出现"结束"为止

思考：和 7.3.2 小节中的伪代码算法对比：伪代码是先判断再循环，判断次数比循环次数多 1 次；Excel 算法是先循环再判断，循环次数和判断次数相等。为了弥补这个缺陷，需要在哪个单元格中补充一个循环判断？

8.1.3 求最大公约数

1. 实验目的

（1）理解递推算法思想。

（2）在 Excel 环境下，利用递推算法求最大公约数。

2. 实验内容

（1）问题分析。

我们通常采用试凑方法求解整数 m、n 的最大公约数。但是，这种方法用于计算机求解，其效率低下，算法过程复杂。计算机求解更多地采用具有逆推计算特点的辗转相除法或辗转相减法。以辗转相除法为例，设 mod 运算符为求余运算，求 m、n 的最大公约数可以归纳为：

$$\gcd(m,n)=\begin{cases} n & (m \bmod n == 0) \\ \gcd(n, m \bmod n) & (m \bmod n <> 0) \end{cases} \tag{8-2}$$

这是将求 m、n 的最大公约数归约为等价地求 n，$m \bmod n$ 的最大公约数。其中，$m \bmod n$ 的值会越来越小，直到其边界值为 0 后，n 就是公约数。求解过程也可逆推求解。

（2）算法步骤。

在第 7 章中，我们曾讨论了在 RAPTOR 环境中，运用递推算法求任意两个正整数 m、n 的最大公约数。其算法步骤的伪代码如下。

```
Start
Input m,n
r = m mod n
While r <> 0
   m = n
   n = r
   r = m mod n
End while
   Output n
End
```

在 Excel 环境中，工作表“最大公约数”如图 8-2 所示，操作步骤如下。

	A	B	C	D	E	F
1		求最大公约数				
2		*m*	220	*n*	48	
3		被除数	除数	余数	最大公约数	继续求解吗
4		220	48	28		继续求解
5		48	28	20		继续求解
6		28	20	8		继续求解
7		20	8	4		继续求解
8		8	4	0	4	结束
9						

图 8-2　求最大公约数

① 输入区域。

在“$C$2”单元格中输入 *m* 值，在“$E$2”单元格中输入 *n* 值。

② 初始化区域。

a. B4 表示被除数初值“=*m*”。

b. C4 表示除数初值“=*n*”。

c. D4 表示余数初值（本例采用先判断再循环的过程，需补充余数初值运算）。

d. E4 表示最大公约数初值。

③ 循环体区域。

a. B5 表示新的被除数。

b. C5 表示新的除数。

c. D5 表示新的余数。

④ 循环条件区域。

F 列表示循环条件（本例采用先判断再循环的过程，判断次数比循环次数多一次）。

⑤ 输出区域。

E 列表示输出的最大公约数。

算法过程如表 8-2 所示。

表 8-2　应用辗转相除法求最大公约数的算法过程

项目	算法	Excel 实现
① 输入	输入正整数 *m* 输入正整数 *n*	在“$C$2”单元格中输入正整数 在“$E$2”单元格中输入正整数
② 初始化	求余数存入 *r* 如果 *r*=0，结束运算，*n* 就是解 否则，进入循环	在 B4 单元格中输入公式“=$C$2” 在 C4 单元格中输入公式“=$E$2” 在 D4 单元格中输入公式求余数“=mod(B4,C4)” 在 E4 单元格中输入公式显示最大公约数“=if(D4=0,C4, "")” 在 F4 单元格中输入公式，判断是否要循环 “=if(D4<>0,"继续求解","结束")”
③ 循环条件及输出	如果 *r*=0，结束运算，*n* 就是解； 否则，继续	在 F5 单元格中输入公式，判断是否要循环 “=if(D5<>0,"继续求解","结束")” E 列就是解

续表

项目	算法	Excel 实现
④ 循环体	$m=n$ $n=r$ $r=m \bmod n$ 转③（判断是否再计算）	在 B5 单元格中输入公式“=C4” 在 C5 单元格中输入公式“=D4” 在 D5 单元格中输入公式求余数“=mod(B5,C5)” 在 E5 单元格中输入公式，显示最大公约数“=if(D5=0,C5, "")” 选中 B5:F5 区域，向下拖曳(递推计算)，直到 F 列单元格出现“结束”为止

8.1.4　约瑟夫问题

1．实验目的

（1）理解递推算法思想。

（2）在 Excel 环境下，利用递推算法求解约瑟夫问题。

2．实验内容

（1）问题分析。

约瑟夫问题是一个计算机和数学的应用问题，可利用递推算法，计算倒数第几个出列的人在最初排列的位置。例如，n 个人围成一圈，每数到第 m 个数，则这个人出列，最后出列的那个人在最初所排的位置可表示为 $f(n, m)$。

假设排在第 1 号位置用 0 表示，第 2 号位置用 1 表示，……，第 n 位置用 n−1 表示。可以给出一个特例，即当 n=1 时，$f(1, m)=0$。

为了计算 $f(n, m)$的值，可以采用逆推法，归纳 $f(n, m)$和 $f(n-1, m)$之间的关系，直到边界值 $f(1, m)=0$。取 n=10，m=3，观察 $f(10, 3)$和 $f(9,3)$之间的关系（如图 8-3 所示）。

位置	f(10,3)	f(9,3)
0	A1	A4
1	A2	A5
2	A3	A6
3	A4	A7
4	A5	A8
5	A6	A9
6	A7	A10
7	A8	A1
8	A9	A2
9	A10	

图 8-3　约瑟夫问题

观察可得，二者间存在这样的关系：$f(10,3)=(f(9, 3)+3) \bmod 10$。

由 n=10、m=3 推广到任意 n、m 值：$f(n, m)=(f(n-1, m)+m) \bmod n$。

由此，约瑟夫问题的求解规约为：

$$f(n,m)=\begin{cases} 0 & (n=1) \\ (f(n-1,m)+m) \ \bmod\ n & (n>1) \end{cases} \qquad (8\text{-}3)$$

（2）算法步骤。

在 RAPTOR 环境中，求解过程顺推计算，设计的算法步骤（伪代码）如下。

```
start
input n,m
    i = 1
    f = 0
    while i<n
    i = i + 1
    f = (f + m ) mod i
    end while
    output f
  end
```

在 Excel 环境中，工作表“约瑟夫问题”如图 8-4 所示，操作步骤如下。

	A	B	C	D	E
1	约瑟夫问题				
2		*n*	5	*m*	3
3		人数	位置	继续求解吗	
4		1	0	继续求解	
5		2	1	继续求解	
6		3	1	继续求解	
7		4	0	继续求解	
8		5	3	结束	
9					

图 8-4　求解约瑟夫问题的工作表

① 输入区域。

在“\$C\$2”单元格中输入 n 值，在“\$E\$2”单元格中输入 m 值。

② 初始化区域。

a. B4 表示 n=1。

b. C4 表示 n=1 时，最后出列最初所处的位置。

③ 循环体区域。

a. B5 表示新的人数。

b. C5 表示新的人数最后出列所处的位置。

④ 循环条件区域。

D 列表示循环条件（本例采用先判断再循环的过程，判断次数比循环次数多一次）。

⑤ 输出区域。

C 列表示输出的约瑟夫数。

算法过程如表 8-3 所示。

表 8-3　约瑟夫问题算法过程

项目	算法	Excel 实现
① 输入	输入正整数 n 输入正整数 m	在“\$C\$2”单元格中输入正整数 在“\$E\$2”单元格中输入正整数
② 初始化	i=1 f=0 如果 i=n，结束运算，f 就是解； 否则，循环	在 B4 单元格中输入公式“=1” 在 C4 单元格中输入公式“=0” 在 D4 单元格中输入公式，判断是否要循环 “= if(B4<\$C\$2,"继续求解","结束")”

续表

项目	算法	Excel 实现
③ 循环条件及输出	如果 i=n，结束运算，f 就是解； 否则，继续	在 D5 单元格中输入公式，判断是否要循环 “= if(D5<$C$2,"继续求解","结束")” C 列就是解
④ 循环体	i=i+1 f=(f+m) mod i 转③（判断是否再计算）	在 B5 单元格中输入公式“=B4+1” 在 C5 单元格中输入公式“=mod(C4 + $E$3,B5)” 选中 B5:D5 区域，向下拖曳（递推计算），直到 D 列单元格中出现“结束”为止

8.2 二分法计算

8.2.1 二分法搜索策略与过程

搜索是求解已知状态空间和验证条件问题的重要方法。例如，英汉字典就是一个状态空间，在查找某单词的中文含义时，该单词就是状态验证条件。如果状态空间中的状态之间没有特殊的排列规律，通常采用顺序搜索策略，逐一验证。这种搜索策略的效率和状态空间的大小呈线性比例。如果状态空间中的状态之间有可利用的排列规律（如升序排列、降序排列等），就可以采用效率更高的搜索策略，如英汉字典内的单词是按字母顺序排列的，没人会从第一页开始逐个单词查找，而是根据它可能的排列位置，直接翻到相应位置去查找。

二分法查找是一种针对具有升序或降序排列特点状态空间的搜索策略。它每次查找并验证最中间的状态，如果验证成功，则结束；否则就淘汰一半状态空间，只在另一半状态空间中重复之前的步骤，直到找到符合验证条件的状态或没有可搜索的状态空间为止。

假设状态空间的下确界为 lower_bound，上确界为 upper_bound，状态可描述为 element[i]，状态之间的位置差最小为 1，验证条件可描述为 key_value=element[i]，查找 key_value 在[lower_bound, upper_bound]中出现的位置，二分法搜索过程可形式化为：

```
middle=(lower_bound + upper_bound)/2
while element[middle] <> key_value and lower_bound <= upper_bound
if element[middle] > key_value then
    upper_bound = middle-1
else
    lower_bound = middle + 1
end if
middle=(lower_bound + upper_bound)/2
end while
```

对于具有 n 个状态的状态空间，如果符合用二分法计算的条件，最多只需要 $\log_2 n$ 次计算即可结束，其效率是非常高的。

适合用二分法计算的场景很多，如方程求近似解、排序、查找等。在日常生活中，其也有很多应用场景，如猜谜、查找故障。程序设计过程中，可用二分法查找执行过程中的错误原因、执行结果的错误原因等。

8.2.2　用二分法求幂

1．实验目的

（1）理解二分法算法思想。

（2）在 Excel 环境下，理解和掌握二分法求幂的推演过程。

2．实验内容

（1）问题分析。

用乘法计算 x 的整数次幂 $f(x, n)$归约为：

$$f(x,n)=\begin{cases}1 & (n=0)\\ x*f(x,n-1) & (n>0)\end{cases} \tag{8-4}$$

使用递推累乘，需要做 n 次乘法运算。如果利用二分法计算，则可归约为：

$$f(x,n)=\begin{cases}1 & (n=0)\\ f\left(x*x,\dfrac{n}{2}\right) & (n \bmod 2=0)\\ f\left(x*x,\dfrac{n-1}{2}\right)*x & (n \bmod 2\neq 0)\end{cases} \tag{8-5}$$

（2）算法步骤。

在 RAPTOR 环境中，设计的算法步骤（伪代码）如下。理想情况下，只需做 $\log_2 n$ 次乘法运算。求解过程按逆推计算，直到 n=0。

```
Start
Input x,n
f = 1
While n> 0
     If n mod 2 = 0 then
          n = n /2
          x = x * x
     Else
          f = f * x
          n =(n-1)/2
          x =x * x
     End if
End While
end
```

在 Excel 环境中，工作表“二分法求幂”如图 8-5 所示，操作步骤如下。

	A	B	C	D	E	F
1		二分法求幂				
2		x	2	n	1	
3		底数	指数	幂	继续求解吗	
4		2	1	1	继续求解	
5		4	0	2	结束	
6						

图 8-5　工作表“二分法求幂”

① 输入区域。

在“\$C\$2”单元格中输入 x 值，在“\$E\$2”单元格中输入 n 值。

② 初始化区域。

a. B4 表示底的初值 x。

b. C4 表示幂次的初值 n。

c. D4 表示幂的初值 1。

③ 循环体区域。

a. B5 表示求出的新底数。

b. C5 表示求出的新幂次。

c. D5 表示求出的幂。

④ 循环条件区域。

E 列表示循环条件（本例采用先判断再循环的过程，判断次数比循环次数多一次）。

⑤ 输出区域。

D 列表示输出的幂。

算法过程如表 8-4 所示。

表 8-4 二分法求幂算法过程

项目	算法	Excel 实现
输入	输入底数 x 输入幂次 n	在“\$C\$2”单元格中输入底数 在“\$E\$2”单元格中输入幂次
初始化	f= 1 如果 n = 0，结束运算，f 就是解； 否则，循环	在 B4 单元格中输入公式“=\$C\$2” 在 C4 单元格中输入公式“=\$E\$2” 在 D4 单元格中输入公式“=1” 在 E4 单元格中输入公式，判断是否要循环 “= if(C4>0,"继续求解","结束")”
循环条件及输出	如果 n=0，结束运算，f 就是解； 否则，继续	在 E5 单元格中输入公式，判断是否要循环 “= if(C5>0,"继续求解","结束")”，D 列就是解

循环体	If n mod 2 = 0 then
	　$n = n$ /2
	　$x = x * x$
	Else
	　$f = f * x$
	　n =(n-1)/2
	　x =$x * x$
	End If
		在 B5 单元格中输入公式“=x*x”
		在 C5 单元格中输入公式
		“=if(mod(C4,2)=0,C4/2,(C4-1)/2)”
		在 D5 单元格中输入公式“=if(mod(C4,2)=0,D4,D4*B4)”
		选中 B5:E5 区域，向下拖曳（递推计算），直到 E 列单元格中出现“结束”为止

8.3 贪心算法

8.3.1 贪心算法思想

我们去商场买东西时需支付现金 689 元，假如钱包里有足够多的 100 元、50 元、20 元、10

元、5 元、1 元面额的人民币，人们通常的想法是希望取张数最少的纸币支付。具体的做法往往是先看最大面额的需要几张，接着次大面额的需要几张，如此循环，直到总额等于 689 元为止。为此，实际支付人民币的面额组合是 6 张 100 元、1 张 50 元、1 张 20 元、1 张 10 元、1 张 5 元、4 张 1 元。在这个过程中，使用了一个评估策略，即面额大的用得越多，总张数一定越少，应该优先考虑用大面额纸币支付。这种策略只需考虑当前情况（不考虑之前情况和后继情况）来做出决策，是一种局部最优策略，称为贪心算法。

在对问题进行求解时，贪心算法是用仅对当前状况做出评估的估价函数，做出在当前看来是最好的选择。它不从整体优化角度考虑，只能得到局部最优解，不一定能得到全局最优解。其求解过程是将问题分解成若干个子问题，求出每个子问题的最优解（局部最优解），将子问题的解组合成整个问题的解。

在有的优化问题求解中，由于状态空间过大，搜索全局最优解耗费的时间可能太长或需要计算机的存储空间过大，使得问题求解现实不可行。如果对最优解的追求不是那么迫切，贪心算法可作为一种可选方法。

8.3.2 应用贪心算法求解埃及分数

1. 实验目的

（1）理解贪心算法思想。

（2）在 Excel 环境下，理解和掌握应用贪心算法求埃及分数的推演过程。

2. 实验内容

（1）问题分析。

埃及分数也称单位分数，即分子为 1 的分数。

一个真分数可以分解为多个不同的埃及分数之和，可以有多种不同的埃及分数组合，即：

$$\frac{a}{b}=\sum_{i=1}^{n}\frac{1}{a_i} \tag{8-6}$$

（2）算法步骤。

在 RAPTOR 环境中，使用贪心算法求解可获得局部最优解。设评估函数为每次从真分数 *a/b* 中取出最接近且小于该分数值的埃及分数，即 a_i 等于 INT(*b*/*a*)+1。其中，INT 表示取整。求解过程如文本框中的伪代码所示。

在 Excel 环境中，打开工作表“埃及分数”，如图 8-6 所示，操作步骤如下。

```
Start
Input a,b
While a > 1 and b MOD a <> 0
    c = INT(b / a) + 1
    Output c    #输出一个埃及分数分母
    a = a * c -b
    b = b * c
End While
Output b/a  #输出最后一个埃及分数分母
End
```

	A	B	C	D	E	F
1		埃及分数				
2		*a*	27	*b*	57	
3		分子	分母	评估值	埃及分数	继续求解吗
4		27	57			
5		24	171	3	1/3	继续求解
6		21	1368	8	1/8	继续求解
7		18	90288	66	1/66	继续求解
8		18	452974896	5017	1/5016	结束
9						
10						

图 8-6　埃及分数求解

① 输入区域。

在“$C$2”单元格中输入分子 *a* 值，在“$E$2”单元格中输入分母 *b* 值。

② 初始化区域。

a. B4 表示分子初值 *a*。

b. C4 表示分母初值 *b*。

③ 循环体区域。

a. B5 表示求出的新分子。

b. C5 表示求出的新分母。

c. D5 表示求出的新埃及分数的评估值。

d. E5 表示求出的一项埃及分数。

④ 循环条件区域。

F 列表示循环条件。

⑤ 输出区域。

E 列表示输出的埃及分数。

算法过程如表 8-5 所示。

表 8-5　　应用贪心算法求埃及分数算法过程

Excel 实现提示
① 在“$C$2”单元格中输入分子 在“$E$2”单元格中输入分母
② 在 B4 单元格中输入公式“=$C$2” 在 C4 单元格中输入公式“=$E$2”
③ 在 D5 单元格中输入公式“=INT(C4/B5)+1”，获得最接近分数的埃及分数估值 在 E5 单元格中输入公式“=if(mod(C4,B4)=0,"1/" & C4/B4,"1/" & D5)”，得到一项埃及分数 在 F5 单元格中输入公式“=If(mod(C4,B4)<> 0, "继续求解","结束")”，E 列就是解 在 B5 单元格中输入公式“=B4×D5-C4”，求新的分子 在 C5 单元格中输入公式“=D5×C4”，求新的分母
④ 选中 B5:F5 区域，向下拖曳，直到 F 列单元格中出现“结束”为止

8.4 加密算法

8.4.1 古典加密算法与现代加密算法

在现代通信领域，为保证信息的安全，加密算法是重要的技术手段。从网络传输到文件存储，无不有各种加密算法的支撑。例如，使用“https”的网站都使用了加密协议 TLS/SSL。因此，即便你没有直接使用任何加密产品，也间接享受到了加密算法带来的隐私保护和通信安全。

加密的目标是保证机密性（屏蔽明文内容）、完整性（防止篡改）、合法性（保证信息来源）、可逆性（保证能还原）。加密算法在实现加密目标的基础上，还应具有可行性（加、解密的时间、空间开销是现实可行的）。

加密算法的发展主要经历了古典加密算法和现代加密算法两个重要时期。

古典加密算法主要采用移位法和替换法。移位法是让用于编写明文的字符集都向固定方向移动特定位数，用对应的字符对明文进行加密。例如，将 26 个大写英文字母向后移三位，用 D 代表 A、E 代表 B、A 代表 X、B 代表 Y、C 代表 Z。这种加密总共只有 25 把密钥，容易被破译。替换法较移位法安全，它通过使用一张明文密文对照表（俗称密码本）来做加密，密钥的数量大大增加。

较之古典加密算法，现代加密算法借助数学工具进行加密，更科学、更安全。总的来说，现代加密算法可分为三大类：对称加密、非对称加密、哈希映射。

（1）对称加密：加密和解密用同一个密钥，适用于密钥由一个人保管的场景，保护好密钥是关键。

（2）非对称加密：加密和解密用的密钥不同，密文只能用解密密钥解密，因此，又将加密密钥称为公钥，解密密钥称为私钥。公钥可以对外公开，私钥则是要保密的。

（3）哈希映射：它是一种单向加密（不能解密），主要用于识别信息是否被篡改。

8.4.2 文本加密

1. 实验目的

（1）理解加密算法思想。

（2）在 Excel 环境下，理解和掌握文本加密的原理和推演过程。

2. 实验内容

（1）问题分析。

替换法文本加密是一种古典加密技术。设计一个密码本，密码本中的明文字符和密文字符一一对应，以保证加密、解密可逆。对明文文本加密的过程就是逐字将明文翻译成密文的过程，因此需要遍历全部明文。

在明文字符和遍历全文的过程中，需要用到以下几个 Excel 字符串处理函数。

① MID(s,start,len)：从 s 字符串的 start 位置处开始，取出 len 个字符。

② LEN(s)：测试字符串 s 包含的字符个数。

（2）算法步骤。

工作表“文本加密”如图 8-7 所示，操作过程如下。

	A	B	C	D	E	F	G	H
1							文本加密	
2	密码本		原文	1JI2NAN3DA4XUE				
3	A	R		字符位置	原字	加密	密文	继续求解吗
4	B	S		0				
5	C	T		1	1	D	D	继续求解
6	D	U		2	J	V	DV	继续求解
7	E	5		3	I	1	DV1	继续求解
8	F	6		4	2	E	DV1E	继续求解
9	G	9		5	N	F	DV1EF	继续求解
10	H	0		6	A	R	DV1EFR	继续求解
11	I	1		7	N	F	DV1EFRF	继续求解
12	J	V		8	3	7	DV1EFRF7	继续求解
13	K	W		9	D	U	DV1EFRF7U	继续求解
14	L	X		10	A	R	DV1EFRF7UR	继续求解
15	M	2		11	4	8	DV1EFRF7UR8	继续求解
16	N	F		12	X	Z	DV1EFRF7UR8Z	继续求解
17	O	G		13	U	3	DV1EFRF7UR8Z3	继续求解
18	P	H		14	E	5	DV1EFRF7UR8Z35	结束
19	Q	I						

图 8-7　工作表“文本加密”

① 输入区域。

a. 在“$A$5:$A$38”单元格区域中输入明文字符集。

b. 在“$B$5:$B$38”单元格区域中输入密文字符集（明文字符集和密文字符集要一一对应）。

c. 在“$D$2”单元格中输入原文文本。

② 初始化区域。

在 D4 单元格中输入要取字符的位置，初值为 0。

③ 循环体区域。

a. D5 表示要取字符的位置。

b. E5 表示根据位置取出的明文字符。

c. F5 表示求出的与明文对应的密文字符。

d. G5 表示到目前已加密的密文文本。

④ 循环条件区域。

H 列表示循环条件。

⑤ 输出区域。

G 列表示输出的埃及分数。

算法过程如表 8-6 所示。

表 8-6　　替换法文本加密的算法过程

Excel 实现提示
① 在 D4 单元格中输入待加密文字在文本中的位置，初值为 0
② 在 D5 单元格中输入公式“=D4+1” 在 E5 单元格中输入公式“=MID($D$2,D5,1)” 在 F5 单元格中输入公式“==VLOOKUP(E5,$A$3:$B$38,2,FALSE)” 在 G5 单元格中输入公式“=G4 & F5”
③ 在 H5 单元格中输入“=if(D5<len($D$2,"继续求解" ,"结束")” 选中 D5:H5 区域，向下拖曳（递推计算），直到 H 列单元格中出现“结束”为止。

第 9 章 Python 程序设计基础

在前面的章节中，我们介绍了算法及算法设计思想。对于数据科学来讲，算法是基础，程序是算法应用某种程序设计语言的具体实现。本章将介绍 Python 程序设计语言，具体内容包括：Python 概述，Python 编程基础，Python 的数据类型与运算，Python 输入、输出模块及编程方法，Python 程序流程控制结构及实验，以及 Python 函数等。

9.1 Python 概述

9.1.1 Python 的特点

Python 是一种语法简洁、开源的脚本语言。Python 包含了一组完善且容易理解的标准库，同时它也提供了丰富的 API 和工具。程序员既能通过 Python 轻松完成常见的任务，又能使用 C、C++等语言来编写扩充模块。

Python 语言的主要特点如下。

（1）Python 语言是一种语法简洁、跨平台、可扩展的开源通用脚本语言。

（2）Python 的代码结构清晰，可读性好。

Python 支持制表符缩进和空格缩进，可以通过缩进对齐来表达代码逻辑，而不是使用大括号或者关键字来表示代码块的结束，如图 9-1 所示。

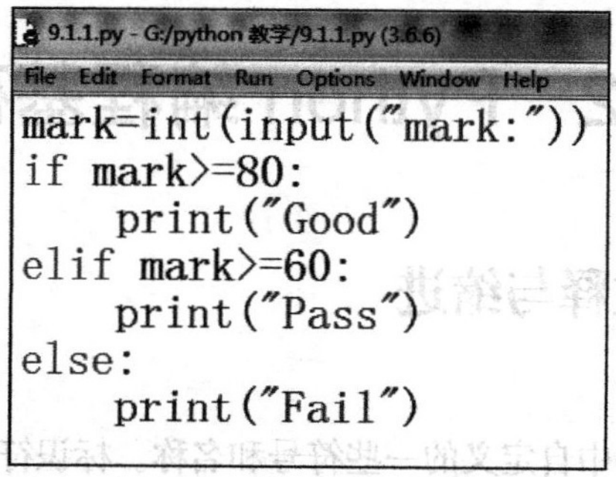
9.1.1.py - G:/python 教学/9.1.1.py (3.6.6)
File Edit Format Run Options Window Help
mark=int(input("mark:"))
if mark>=80:
print("Good")
elif mark>=60:
print("Pass")
else:
print("Fail")

图 9-1 Python 代码结构图

（3）Python 是动态类型语言，不需要预先声明变量的类型。

9.1.2 Python 环境配置实验

1. 实验目的

（1）熟悉 Python 语言的安装与开发环境。

（2）了解 Python 语言中变量的使用、Python 语句的书写规则。

2. 实验内容

（1）安装 Python 3.7 解释器。

Python 语言解释器是一个轻量级文件，可在 Python 语言官方网站下载，网站地址如图 9-2 所示。我们可根据所用的操作系统版本选择相应的安装程序，安装过程简单，按照相应的提示安装即可。Python 安装包将在系统中安装一批与 Python 开发和运行相关的程序，其中最重要的两个程序是 Python 命令行和 Python 集成开发环境 IDLE。

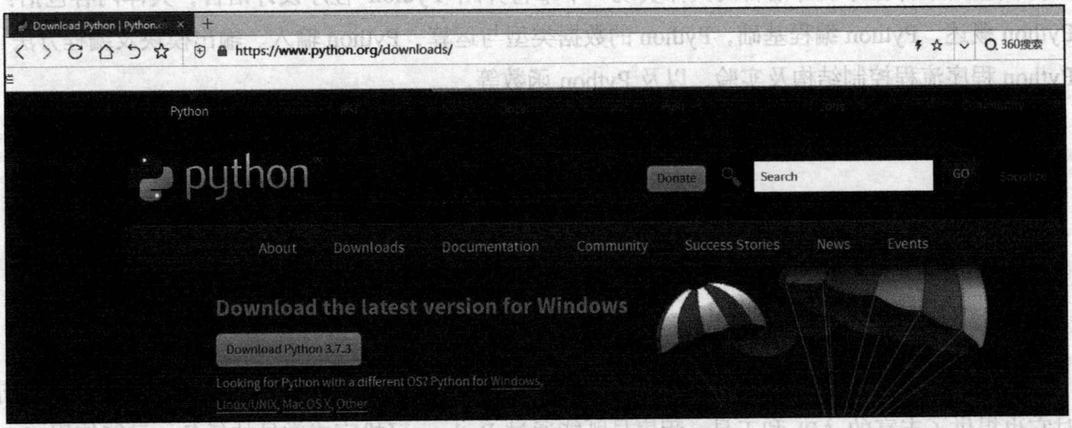

图 9-2 Python 解释器官方网站下载页面

（2）熟悉 Python 开发环境。

运行 Python 程序有两种方式：交互式和文件式。交互式是指 Python 解释器即时响应用户输入的每条代码，给出输出结果。文件式是指用户将 Python 程序写在一个文件中，然后启动 Python 解释器批量执行文件中的代码。交互式一般用于调试少量代码，文件式是主要的编程模式。

9.2 Python 编程基础

9.2.1 标识符、注释与缩进

1. 标识符

Python 的标识符是在程序中自定义的一些符号和名称。标识符由用户自己定义，如变量名、函数名等。标识符的命名规则如下。

（1）第一个字符必须是字母或下划线。

（2）标识符的其他部分由字母、数字和下划线组成。

（3）标识符区分大小写。

（4）Python3X 版本允许使用非 ASCII 标识符。

Python 中具有特殊功能的一些标识符称为系统的保留字（关键字）。保留字是 Python 系统内部已经使用且不允许开发者自己定义与它名字相同的标识符。我们可以通过使用以下命令查看当前系统中 Python 的保留字。

```
>>> import keyword
>>> keyword.kwlist
['False', 'None', 'True', 'and', 'as', 'assert', 'break', 'class', 'continue', 'def', 'del', 'elif', 'else', 'ex
cept', 'finally', 'for', 'from', 'global', 'if', 'import', 'in', 'is', 'lambda', 'nonlocal', 'not', 'or', 'pass'
, 'raise', 'return', 'try', 'while', 'with', 'yield']
```

2. 注释

Python 有两种注释：单行注释和多行注释。单行注释以“#”开头，多行注释以 3 个单引号开头和结尾，如图 9-3 所示。

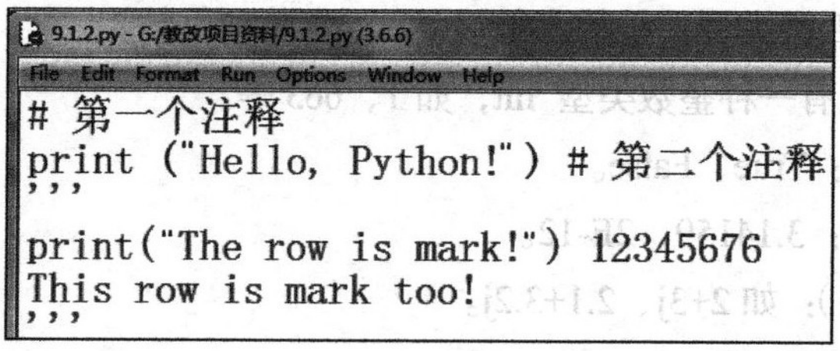

图 9-3　注释

3. 缩进

Python 最具特色的地方就是使用缩进来表示代码块，不像 Java、C 语言等需要使用大括号“{}”。Python 严格的使用缩进来表明程序的格式框架，缩进有利于维护代码结构的可读性。

9.2.2　Python 基础实验

1. 实验目的

（1）认识 Python 程序的结构。

（2）了解在 Python IDLE 解释器中输入格式错误的 Python 代码。

2. 实验内容

（1）在 Python IDLE 解释器中输入如图 9-4 所示的 Python 程序代码，查看运行结果。

```
for i in range(1,5+1):
    for j in range(1,i+1):
        print(j,end='')
    print()
print()
```

图 9-4　Python 的格式框架

（2）在 Python IDLE 解释器中输入如图 9-5 所示的 Python 程序代码，查看运行结果。

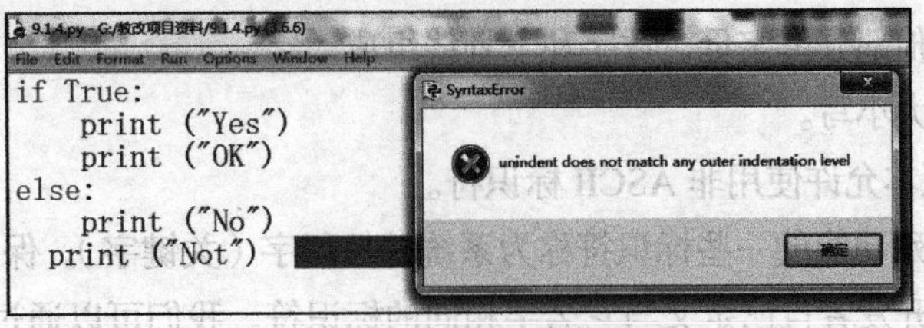

图 9-5　Python 错误的缩进格式

9.3 Python 的数据类型与运算

9.3.1 Python 的数据类型

1. 数字（Number）类型

Python 中的数字有四种类型：整数、布尔型、浮点数和复数。

（1）int（整数）：仅有一种整数类型 int，如 1、663 等。

（2）bool（布尔型）：True、False。

（3）float（浮点数）：3.14159、2E-12。

（4）complex（复数）：如 2+3j、2.1+3.2j。

2. 字符串（String）类型

字符串是字符的序列表示，由一对单引号（'）、双引号（"）或三引号（'''）构成。

（1）Python 中单引号和双引号的使用方法相同。

（2）使用三引号（'''或"""）可以指定一个多行字符串。

（3）转义符“\”与后面相邻的一个字符共同表达新的含义，如“\n”表示换行，“\t”表示制表符等。有时可使用“r”使反斜杠不发生转义，如“r"this is a line with \n"”，则“\n”会显示，但并不换行。

（4）字符串可以用“+”运算符连接在一起，用“*”运算符重复。

（5）Python 中的字符串是一个序列，有两种索引方式，从左往右以 0 开始，从右往左以-1 开始。

（6）字符串是一种不能更改的数据类型。

（7）Python 没有单独的字符类型，一个字符就是长度为 1 的字符串。

图 9-6 所示为字符串输出的实例图。读者可在 Python 解释器中自行输入后运行，看看运行后的结果。

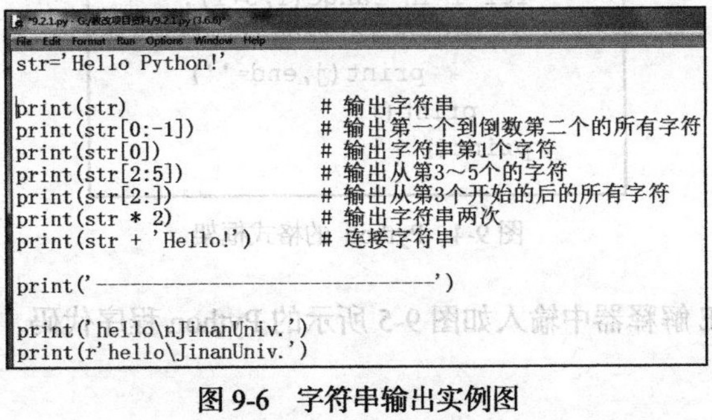

图 9-6　字符串输出实例图

9.3.2 Python 基本运算

1. Python 算术运算

Python 解释器为数字类型提供了 7 个基本的数值算术运算符和 6 个内置的数值运算函数，如表 9-1 和表 9-2 所示（以下假设变量 *a* 为 10，变量 *b* 为 20）。

表 9-1 内置的数值算术运算符

运算符	描述	实例
+	加：两个对象相加	*a*+*b* 输出结果 30
-	减：得到负数或一个数减去另一个数	*a*-*b* 输出结果-10
*	乘：两个数相乘或返回一个被重复若干次的字符串	*a***b* 输出结果 200
/	除：*x* 除以 *y*	*b*/*a* 输出结果 2
%	取模：返回除法的余数	*b* % *a* 输出结果 0
**	幂：返回 *x* 的 *y* 次幂	*a****b* 为 10 的 20 次方，输出结果 100000000000000000000
//	取整除：返回商的整数部分	9//2 输出结果 4，9.0//2.0 输出结果 4.0

表 9-2 内置的数值运算函数

函数名	描述
abs(*x*)	*x*：数值表达式，可以是整数、浮点数、复数。函数返回 *x*（数字）的绝对值
pow(*x*, *y*)	计算 *x* 的 *y* 次方
round(*x*[, *n*])	返回浮点数 *x* 的四舍五入值，*x* 为数字表达式，*n* 表示小数点位数
max(*x*, *y*, *z*, ...)	返回给定参数的最大值，*x*、*y*、*z* 为数值表达式
min(*x*, *y*, *z*, ...)	返回给定参数的最小值，*x*、*y*、*z* 为数值表达式
int(*x*)	用于将一个字符串或数字转换为整数
float()	用于将整数和字符串转换成浮点数

2. Python 赋值运算与赋值语句

Python 中的变量不需要声明，但每个变量在使用前都必须赋值，变量赋值以后才会被创建。在 Python 中，变量就是变量，它没有类型，我们所说的类型是变量所指的内存中对象的类型。

赋值运算符“=”用来给变量赋值。含有“=”运算符的句子称为赋值语句。“=”运算符左边是一个变量名，右边是存储在变量中的值，如图 9-7 所示。

```
a = 100              # 整型变量
b= 3.14159           # 浮点型变量
c= "JinanUiver"      # 字符串

print (a)
print (b)
print (c)
```

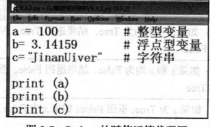

图 9-7 Python 的赋值运算代码图

Python 允许同时为多个变量赋值。例如，$a=b=c=1$ 表示创建一个整数型对象，值为 1，从后向前赋值，三个变量被赋予相同的数值。此外，还有一种同步赋值语句，可同时对多个变量赋值，基本格式如下：

<变量 1>,…,<变量 n>=<表达式 1>,…,<表达式 n>

如 a,b,c=100,3.1415,"Jinan"，表示将 1 个整数型对象 100 赋给变量 a，将浮点型对象 3.1415 赋给变量 b，将字符串对象"Jinan"赋给变量 c。Python 解释器提供了 8 种基本的增强赋值运算符，如表 9-3 所示。

表 9-3　基本的增强赋值运算符

运算符	描述	实例
=	简单的赋值运算符	$c=a+b$ 将 $a+b$ 的运算结果赋值为 c
+=	加法赋值运算符	c += a 等效于 $c=c+a$
-=	减法赋值运算符	c -= a 等效于 $c=c-a$
*=	乘法赋值运算符	c *= a 等效于 $c=c*a$
/=	除法赋值运算符	c /= a 等效于 $c=c/a$
%=	取模赋值运算符	c %= a 等效于 $c=c\%a$
**=	幂赋值运算符	c **= a 等效于 $c=c**a$
//=	取整除赋值运算符	c //= a 等效于 $c=c//a$

3. Python 比较运算符

Python 比较运算符见表 9-4。以下假设变量 a 为 10，变量 b 为 20。

表 9-4　比较运算符

运算符	描述	实例
==	等于：比较对象是否相等	(a == b)返回 False
!=	不等于：比较两个对象是否不相等	(a != b)返回 True
>	返回 x 是否大于 y	($a > b$)返回 False
<	返回 x 是否小于 y	($a < b$)返回 True
>=	大于等于：返回 x 是否大于等于 y	($a >= b$)返回 False
<=	小于等于：返回 x 是否小于等于 y	($a <= b$)返回 True

4. Python 逻辑运算符

Python 语言支持逻辑运算符（见表 9-5）。以下假设变量 a 为 10，b 为 20。

表 9-5　逻辑运算符

运算符	逻辑表达式	描述	实例
and	x and y	"与运算"：如果 x 和 y 均为 True，结果返回 True，否则都返回 False	(a and b)返回值为 20
or	x or y	"或运算"：如果 x 和 y 均为 False，结果返回 False，否则都返回 True	(a or b)返回值为 10
not	not x	"非运算"：如果 x 为 True，返回 False；如果 x 为 False，返回 True	not(a and b)返回值为 False

5. Python 其他运算符

除了以上一些运算符之外，Python 还支持成员运算符（见表 9-6），测试实例中包含了一系列的成员，包括字符串、列表或元组。

表 9-6 成员运算符

运算符	描述	实例
in	如果在指定的序列中找到值，则返回 True；否则返回 False	x 在 y 序列中，如果 x 在 y 序列中返回 True
not in	如果在指定的序列中没有找到值，则返回 True；否则返回 False	x 不在 y 序列中，如果 x 不在 y 序列中返回 True
is	is 是判断两个标识符是不是引用自一个对象	x is y，类似于 id(x) == id(y)。如果引用的是同一个对象，则返回 True；否则返回 False
is not	is not 是判断两个标识符是不是引用自不同对象	x is not y，类似于 id(a) != id(b)。如果引用的不是同一个对象，则返回 True；否则返回 False

6. Python 运算符优先级

表 9-7 中列出了从最高到最低优先级的所有运算符。

表 9-7 运算符优先级

运算符	描述
**	指数（最高优先级）
~ 、+ 、-	按位翻转，一元加号和减号（最后两个的方法名为+@和-@）
*、 / 、% 、//	乘、除、取模和取整除
+、 -	加法、减法
>>、 <<	右移、左移运算符
&	位运算符
^、 |	位运算符
<= 、< 、>、 >=	比较运算符
== 、!=	等于运算符
=、 %=、 /=、 //= 、-=、 +=、 *= 、**=	赋值运算符
is 、is not	身份运算符
in 、not in	成员运算符
not、 or 、and	逻辑运算符

9.3.3 Python 基本运算实验

1. 实验目的

（1）理解基本的数据类型。

（2）熟悉数据的基本运算。

（3）理解和掌握 Python 中的数据输入。

2. 实验内容

在交互式环境下，练习 Python 中的常用数据类型、表达式、基本运算。启动 Windows 命令行后，在控制台中输入“Python”，在命令输入提示符“>>>”下依次完成以下三组练习，注意观察和记录运行结果。

（1）观察以下变量的数据类型。

```
>>> a=123  #integer
>>> print(type(a))
>>> a=123.456  #float
>>> print(type(a))
>>> a='laowang' #string
>>> print(type(a))
>>> a=5<3      #logical
>>> print(type(a))
<class 'bool'>
>>> a=12
>>> print(type(a))
<class 'int'>
>>> b=23
>>> c=34
>>> print(type(a+(b+c)/2))
<class 'float'>
>>> print(type(a+(b+c)*2))
<class 'int'>
```

（2）观察算术运算。

```
>>>print(1+9)          # 加法
>>>print(1.3-4)        # 减法
>>>print(3.1*5)        # 浮点数*整数
>>>print(4.5/1.5)      # 浮点数除
>>>print(3**2)         # 乘方
>>>print(10%3)         # 求余数
>>>print(10//3)        # 取整数
>>>print(10.78//3)
>>>print(int(10.54//3))
>>>print("a"+"b")      #字符连接
```

（3）观察关系运算和逻辑运算。

```
>>>print(5==6)
>>>print(8.0!=8)
>>>print(3<3, 3<=3)
>>>print(4>5, 4>=0)
>>>print(5 in [1,3,5])
>>>print(True and True)
>>>x=60
>>>print(x>=0 and x<=100)
```

（4）常用数据类型、表达式与运算。

① 常用的数据类型及运算。

```
>>> print("Hello World!")            # 按 Enter 键显示输出结果为:
Hello World!
>>> 123+456                          # 按 Enter 键显示输出结果为:
```

```
579
>>> print(True)
True
>>> int(True)
1
```

② 表达式及运算。

```
>>> a=12
>>> b=23
>>> c=34
>>> a+(b+c)/2
40.5
>>> a=123
>>> b=4.56
>>> print(a+b)
127.56
>>> a="123"
>>> b="4.56"
>>> print(a+b)
1234.56
```

3. 实践与思考

（1）上面的练习中 Python 下的基本数据类型有哪些？

（2）如何理解上述练习中的运算符“+”的不同含义？

（3）思考各运算符的优先级，并计算下列表达式。

① 20-3**2+8//3**2*10；

② 4*5**2/8%5。

（4）编写 Python 程序，计算下列数学表达式。

① $x=(1+32)\times(23\bmod 6)/5$；

② $x=\dfrac{(2^5+17-3\times5)}{6}$。

9.3.4 组合数据类型概述

1. 列表（List）

序列是 Python 中最基本的数据结构。序列中的每个元素都分配一个数字，用以表示它的位置或索引，第一个索引是 0，第二个索引是 1，以此类推。Python 中的序列有 6 种数据类型，最常见的是列表和元组。

列表是 Python 中使用最频繁的数据类型，可以实现大多数集合类的数据结构。列表是写在方括号之间、用逗号分隔开的元素列表。和字符串一样，列表同样可以被索引和截取，列表被截取后返回一个包含所需元素的新列表。与 Python 字符串不一样的是，列表中的元素是可以改变的。

（1）创建一个列表时，只要把逗号分隔的不同数据项用方括号括起来即可，如图 9-8 所示。

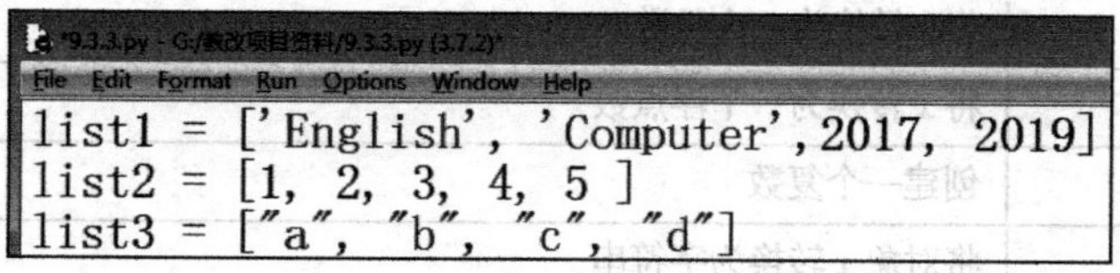

File Edit Format Run Options Window Help
list1 = ['English', 'Computer',2017, 2019]
list2 = [1, 2, 3, 4, 5]
list3 = ["a", "b", "c", "d"]

图 9-8 列表

（2）访问列表中的值。

```
>>> ls=[527,"JNU",[88,"JNUCC"],527]
>>> ls[2][-1][3]
C
```

（3）更新列表。

```
ls[2]=[166,"Hello!"]
>>> ls
[527, "JNU", [166, "Hello!"], 527]
```

（4）删除列表元素。

```
>>> ls
[527, "JNU", [166, "Hello! "], 527]
>>> del ls[2]
>>> ls
[527, "JNU", 527]
```

2. 元组（Tuple）

元组与列表类似，不同之处在于元组的元素不能修改。元组写在圆括号里，元素之间用逗号隔开。元组中的元素类型可以不同。

（1）创建一个元组。

```
>>> tup1 = ("Good", "Pass", 95, 75)
```

（2）访问元组中的元素。

```
>>> print ("tup1[0]: ", tup1[0])
tup1[0]:  Good
```

3. 集合（Set）

集合是由一个或多个形态各异的大小整体组成的，构成集合的对象称为元素。集合的基本功能是进行成员关系测试和删除重复元素。通常使用大括号“{}”或者 set 函数创建集合，用 set 函数创建一个空集合。

例如，courseCS = {'DS', 'OS', 'C', 'NLP'}，courseGe = {'Eng','Math','C','Python'}，则 courseCS| courseGe = {'NLP','C','Eng','Python','OS','DS','Math'}。

4. 字典（Dictionary）

字典是 Python 中另一种非常有用的内置数据类型。列表是有序的对象集合，字典是无序的对象集合。字典是一种用“{}”标识的映射类型。字典当中的元素是通过键（Key）来存取的，键必须使用不可变类型。在同一个字典中，键必须是唯一的。

5. 类型转换

利用表 9-8 中的内置函数可以进行数据类型之间的转换。这些函数会返回一个新的对象，表示转换的值。

表 9-8　类型转换

函数	描述
int(*x* [, base])	将 *x* 转换为一个整数
float(*x*)	将 *x* 转换为一个浮点数
complex(real [,imag])	创建一个复数
str(*x*)	将对象 *x* 转换为字符串

续表

函数	描述
repr(*x*)	将对象 *x* 转换为表达式字符串
eval(str)	用来计算在字符串中的有效 Python 表达式，并返回一个对象
tuple(*s*)	将序列 *s* 转换为一个元组
list(*s*)	将序列 *s* 转换为一个列表
set(*s*)	转换为可变集合
dict(*d*)	创建一个字典，*d* 必须是一个序列(key, value)元组
frozenset(*s*)	转换为不可变集合
chr(*x*)	将一个整数转换为一个字符
ord(*x*)	将一个字符转换为它的整数值
hex(*x*)	将一个整数转换为一个十六进制字符串
oct(*x*)	将一个整数转换为一个八进制字符串

9.3.5　组合数据类型应用实验

1. 实验目的

（1）理解组合数据类型。

（2）掌握 Python 中的组合数据类型的应用。

2. 实验内容

（1）列表 ls=[2,5,8,1,11,35,6]，对列表按升序和降序分别进行排列（可使用 Python 的内置函数）。

（2）综合练习。

① 统计 100 个随机数中重复的数字，具体分为以下三个步骤。

Step1：随机生成 100 个整数。

Step2：数字范围为[80, 90]。

Step3：升序输出所有不同的数字及每个数字重复的次数。

参考代码如图 9-9 所示。

```
import random
all_nums = []                   #定义一个空列表
for item in range(100):         #生成100个随机数放到列表中
    #随机数范围在[80,90]之间
    all_nums.append(random.randint(80,90))

#对生成的100个数进行排序,然后加到字典中
sorted_nums = sorted(all_nums)       #排序
num_dict = {}                   #定义一个空字典
for num in sorted_nums:         #遍历排序好的列表
    if num in num_dict:
        num_dict[num] += 1 #key存在，则更新value值
    else:
        num_dict[num] = 1  #在空字典num_dict中添加新的键值对
print('数字\t\t出现次数')
for i in num_dict:
    print('%d\t\t%d' %(i,num_dict[i]))
```

图 9-9　统计 100 个随机数中重复的数字

② 编写程序随机生成 26 个英文字母。

a. 统计元音字母的个数。

b. 统计大写和小写字母的个数。

9.4 Python 输入、输出模块及编程方法

9.4.1 Python 输入语句

Python 提供了 input()内置函数，用于从键盘读入一行文本，并将运算结果返回。

```
>>> str = input("please Enter a serial characters: ")
please Enter a serial characters: "JinanUniversity"
>>> print ("你输入的内容是: ", str)
你输入的内容是: "JinanUniversity"。
```

9.4.2 Python 输出语句

Python 提供了两种常见的输出方式：表达式语句和 print()函数。我们也可以使用 format()函数来格式化输出值。

（1）表达式语句。

```
>>> s = 'Hello, World!'
>>> str(s)
'Hello, World!'
```

（2）format()方法的基本使用。

基本格式：<模板字符串>.format(<逗号分隔的参数>)。

模板字符串：由一系列槽“{}”组成，用来控制修改字符串中嵌入值出现的位置，将 format()方法中逗号分隔的参数按照序号关系替换到模板字符串的槽中。如槽“{}”中没有序号，则按照出现的顺序替换，参数从 0 开始编号。

```
>>> a="2018"
>>> b="老年"
>>> c=20
>>> "{}:中国{}人口占总人口的{}%.".format(a,b,c)
'2018:中国老年人口占总人口的 20%.'
```

（3）format()方法的格式控制。

format()方法中的模板字符串的槽“{}”除了包括参数序号外，还可以包括格式控制信息。槽的内部样式如下：

```
{<参数序号>:<格式控制标记>}
```

其中，格式控制标记用来控制参数显示的格式，如表 9-9 所示。

表 9-9　槽中格式控制标记的字段含义

格式控制标记	:	<填充>	<对齐>	<宽度>	<精度>
含义	引导符	用于填充的单个字符	<表示左对齐 >表示右对齐 ^表示居中	用槽设定输出宽度	浮点数小数部分的精度或字符串的最大输出长度

以下为一例子。

```
>>> s="JINAN"
>>> "{0:>10}".format(s)          #右对齐输出包括空格在内的 10 个字符
'     JINAN'
>>> "{0:*^20}".format(s)         #居中且使用“*”填充输出
'*******JINAN********'
>>>"{0:.3f}".format(3.14159)
'3.142'
```

9.4.3 Python 编程方法

在运用计算机求解问题时，首先，我们必须分析问题并找出求解问题的思路和方法，也就是前面章节中讲到的算法。有了算法后，我们就可以在计算机中使用某种计算机语言来实现这种算法。使用 Python 语言来实现算法时，我们有一套基本的编程模式和套路，被称为编程三部曲。

1. 编写输入模块

输入模块是一个程序的开头。输入模块的编写一般会用到以下函数与语句。

① input()函数。在 9.4.1 小节已详细讲到，一般通过键盘输入数据。

② 赋值语句。可用赋值语句对程序中的变量进行初始化或赋值。

2. 编写算法实现模块

算法实现模块是编程的核心模块，它包含了处理数据的算法。前面章节中已多次谈到，程序的灵魂就是算法，程序处理数据的效率是由算法的复杂度决定的。算法实现模块主要内容如下。

① 解决问题所用算法。

② 系统内置函数或公式等。

③ 算法的三种流程控制结构，包括顺序结构、选择结构和循环结构。

3. 编写输出模块

输出模块用于展示处理数据的结果，输出方式如下。

① 控制台输出。使用 print()函数输出结果。

② 文件输出。这是程序常用的输出方式，通过生成新的文件输出运行结果。

9.4.4 Python 基础编程实验

1. 实验目的

（1）了解 Python 语言对变量的使用、Python 语句的书写规则。

（2）熟悉 Python 基本运算。

（3）掌握 Python 的数据输入和输出方法。

2. 实验内容

（1）字符串连接。

已知 3 个字符串“str1="Jinan", str2=" ", str3="University"”，在 Python IDLE 解释器中编写一个程序，将通过键盘输入的这三个字符串组合后输出，并以文件名“str.py”保存。

（2）正整数序列求和。

用户输入一个正整数 n，计算 $\sum_{i=1}^{n} i$，并以文件名“integer.py”保存。

9.5 Python 程序流程控制结构及实验

9.5.1 Python 程序流程控制结构

Python 程序流程控制结构包括顺序结构、分支结构及循环结构。任何一种算法都可以使用这三种流程控制结构。三种流程控制结构的相关知识已在 7.1 节中详细介绍过。下面介绍 Python 程序流程控制结构的编程思想与代码实现。

1. 顺序结构

Python 顺序结构的流程控制比较简单，遵循自上而下的执行流程。其代码示例如图 9-10 所示。

```
a=input('please input data')  #数据输入 1
b=input('please input data  ')
y=a+b                   #数据处理 字符串加法运算 2
print(y)            #运算结果输出
```

图 9-10 Python 的顺序结构代码

2. 分支结构

Python 分支结构的流程控制需要根据判断条件，选择执行特定代码。如果条件为真，继续执行代码；否则，跳过 if 段代码，执行 else 段代码。在 Python 语言中，选择结构的语法使用关键字 if、else 来表示，如图 9-11 所示。

```
a =12
b =23
if a>b:
    print("a is max")
else:
    print('a is min')
```

图 9-11 Python 的选择结构代码

选择结构会根据条件决定程序的走向。条件命令行以冒号（:）为结束标志，同时程序块必须缩进。一般常用的条件分支结构有条件嵌套和多分支两种，其基本语法形式如表 9-10 所示。

表 9-10 基本语法形式

语法	例子（判断奇偶数）

if 条件表达式:
命令系列___条件成立时
else:
    命令系列___条件不成立时
	n=input("pls input a number:")
	if int(n%2)==0:
	    print("even")
	else:
	    print("odd")

3. 循环结构

循环结构的流程控制条件下，程序会周而复始地执行一段特定功能的程序段。循环结构是程序在算法流程中使用最多的一种结构，是在满足一定的条件下，程序重复执行某段代码的一种编码结构。常见的 Python 循环结构包括 for 循环和 while 循环。通常，我们用 for 循环结构来实现可预测循环次数的循环，用 while 循环结构来实现无法预测循环次数的循环。循环结构的代码示例如表 9-11 所示。

表 9-11　循环结构

项目	for	while
语法	for 循环变量 inrange(n1,n2,n3): 循环体	while　约束条件： 循环体

例子（求因子）	count = 36
	for i in range(2, (int)(count/2) + 1):
	　　if count % i == 0:
	　　　　print(i),
		count = 36
		i=2
		while i <=int(count/2) + 1:
		　　if count % i == 0 :
		　　　　print(i),
		　　i=i+1

备注	循环体必须用缩进来表示； “n1”为循环初始值，“n2”为循环终值，“n3”为步长	注意循环条件的设置，防止出现死锁

9.5.2 Python 的控制结构实验

1. 实验目的

（1）认识程序控制结构的类型。

（2）学习顺序、分支、循环结构的用法，掌握一定的程序设计方法。

2. 实验内容

（1）顺序结构编程实验。

编写以下问题的 Python 代码，各小题的 Python 程序名由读者自定。

① 依据 7.1 节在 RAPTOR 中已完成的算法流程图，运用 Python 的 IDLE 解释器完成 7.1.2 小节中求三角形面积问题的算法设计的程序代码。输入变量：a、b、c；输出变量：三角形的面积 S；算法公式见 7.1.2 小节。

② 输入两个整数，分别赋值给 x、y，将 x、y 值交换后输出 x、y 值（可考虑用中间变量法或同步赋值方法）。

③ 统计字符串中“*n*”出现的次数，strs = 'I am a student of Jinan University'。

（2）分支结构编程实验。

编写以下问题的 Python 代码，各小题的 Python 程序名由读者自定。

① 依据 7.1 节在 RAPTOR 中已完成的算法流程图或伪代码，编写 7.1.3 小节中出租车计费问题和判断闰年问题的 Python 代码。

② 输入三个整数，分别赋值给 x、y、z，从小到大输出这三个值。

③ 某商店购物打折。打折的规则是 50 元以内（含 50 元）0.95 折，50 元至 500 元（含 500 元）0.90 折，500 元至 1000 元（含 1000 元）0.85 折，1000 元以上 0.80 折。输入购物总金额，计算折后金额并输出。

（3）循环结构编程实验。

编写以下问题的 Python 代码，各小题的 Python 程序名由读者自定。

① 依据 7.1 节在 RAPTOR 中已完成的算法流程图或伪代码，编写完成 7.1.4 小节中计算并输出 1～99 所有奇数之和的 Python 代码。

② 编写一个程序，求$1+\frac{1}{2}+\frac{1}{3}+\frac{1}{4}+\frac{1}{5}+\cdots+\frac{1}{n}$的和，当数据项小于 0.00001 时停止。

③ 完数是指某数等于它的所有因子之和，如 6=1+2+3。编写 Python 程序，输出 1000 以内的数字中所有的完数。

④ 如果一个 n 位正整数恰好等于其各个数字的 n 次方的和（如三位数 $153=1^3+5^3+3^3$），则称该数为阿姆斯特朗数（亦称为自恋性数、水仙花数）。编写 Python 程序，从键盘上输入任意 n 位正整数，输出其对应位数的阿姆斯特朗数。

⑤ 有两个量杯，容量分别是 7L 和 4L，假设水可无限使用，设计量出 6L 水的过程。如果将两个量杯的容量赋值给 a、b（$a<b$，a、b 都是正整数），输入一个整数 p（$p<b$，$p>0$），编写程序实现用这两个量杯量出 p 体积的水的过程。

可采用以下策略来完成测量。

Step1：如果 4L 杯为空，则加满，“if x ==0: x = 4”。

Step2：如果 7L 杯已满，则倒空，“if y==7: y = 0”。

Step3：否则 4L 杯中的水倒入 7L 杯中，倒水原则是“if x >= 7 -y : x = x- (7-y)；y = 7 else：y = y + x；x = 0”。

Step4：如果 7L 杯中的水等于 6L，过程结束；否则，重复以上步骤。

从以上算法过程中我们可以看出，将水加入 4L 杯中是整杯加入的，将水从 7L 杯中倒出也是整杯倒出的。因此，我们可以总结出 4L 杯的 n 杯和 7L 杯的 m 杯水容量差等于 6L，即 n*4-m*7=6。可以使用搜索算法（双重循环）找出一对 n、m 值即可。进一步地，将 n*4-m*7=6 理解为 n*4/7==m……6。可得，只需求解 n*4 % 7 ==6，即可求出相应的 n、m。这样计算只需单重循环即可。

⑥ 输入两个字符串，赋值给 x、y，分析这两个字符串的相似度。相似度的计算规则为：两个字符串中完全相同的最长子串的长度 × 2/（x 的长度+y 的长度）。

9.6 Python 函数

9.6.1 Python 函数概述

1. 函数的定义格式

（1）带返回值的函数定义。

```
Def  function_name(参数列表):
    #函数主体程序（注意同样有缩进！）
Return <返回值列表>
```

（2）无返回值的函数定义。

```
Def  function_name(参数列表)
   #函数主体程序
```

注意

① 函数主体程序和 return 之间必须有缩进，否则出错。

② 函数声明行最后一定有冒号（:），否则出错。

2. 参数传递

Python 的参数传递包括值传递和引用传递两种方式。如果被传入的参数对象是可变对象（列表和字典），这种参数传递方式就是引用传递。这时如果参数在函数体内被修改，源对象也会被修改。如果被传入的参数对象是不可变的对象（数字、元组、字符串等），这种参数传递方式就是值传递。此时，如果参数在函数体内被修改，源对象不会被改变。

3. 函数的递归

函数作为一种代码封装，可以被其他程序调用，当然也可以被函数内部代码调用。这种函数定义中调用函数自身的方式称为递归。

4. 函数库文件的建立与使用

初学者通常将函数程序和主程序放在同一文件中，这显然不利于共享。我们需要建立一个函数文件，将所有的函数程序集中在函数文件中，这个文件就是函数库文件。

库文件既可以和主程序文件一起存放在个人目录中，又可以存放在 Python 安装目录下的 lib 目录下，主程序文件则存放在个人目录中。在程序中调用库函数文件时，系统首先在主程序所在的目录中寻找，如果没有，则自动进入 lib 目录中寻找。

建立函数库后，调用的语句方式如下：

```
import modular_py_me                          #打开自创函数库的关键
y=modular_py_me.compare_xy(25,89)   #调用函数库中的自定义函数
```

9.6.2 Python 函数实验

1. 实验目的

（1）理解函数，熟悉常用内部函数的使用。

（2）掌握函数的定义、调用方法。

2. 实验内容

（1）下列代码的功能是计算圆的面积。

```
str_r=input("输入圆的半径：")          #输入半径
radius = float(str_r)                  #将半径值转换为浮点数
area = 3.14 * radius**2                #计算圆的面积
print("圆的面积={}".format(area))      #输出圆的面积
```

改写以上代码，并实现同样的目标：消除所有变量，代码中只含内置函数、常量、运算符。

（2）编写判断一个整数是否为素数的函数。

判断一个整数是否为素数，如果不是素数，则输出这个整数的所有因子。

第 10 章 算法在 Python 中的实现

本章介绍常用算法在 Python 中的具体实现。Python 语言作为一种开源的脚本语言，具有丰富的开源函数库，在算法的具体实现上更具优势。

10.1 RAPTOR 算法流程在 Python 中的实现

在 Python 环境中，参照前面的 7.2 节、7.3 节、7.4 节、7.5 节以及 7.8 节的算法流程图或伪代码，编写涉及子过程、递推算法、穷举算法、递归算法以及数值概率算法等问题的程序代码。

10.1.1 子过程的 Python 编程

（1）求解 $S=1!+2!+\cdots+n!$，其中 n 由用户通过键盘输入（文件名为“Sn.py”）。

（2）求解 $C_n^m=\dfrac{n!}{m!(n-m)!}$，$n$、$m$ 均为正整数，由用户通过键盘输入(文件名为“Cmn.py”)。

10.1.2 递推算法的 Python 编程

（1）输出斐波那契（Fibonacci）数列的任意前 n 项，其中 n 由用户通过键盘输入（文件名为“Fibo.py”）。

（2）判断任意一正整数 n 是否为素数（是，输出“the number is Prime!”；不是，则输出“the number is not Prime!”）。其中，n 由用户通过键盘输入，且可连续多次输入。当输入字符 E 或 e 时，退出输入（文件名为“prime.py”）。

（3）猴子吃桃问题的求解。猴子第一天摘下若干个桃子，当即吃了一半后又多吃了一个。第二天，将剩下的桃子吃掉一半后又多吃了一个。以后每天都吃了前一天剩下的一半加一个，到第十天早上想再吃时，只剩下一个桃子了，求第一天共摘了多少个桃子（文件名为“monkeyeat.py”）。

10.1.3 穷举算法的 Python 编程

（1）参照图 7-8 所示的算法流程图，用 Python 语言求解“成本最小化”问题及“百元买百鸡”问题（文件名分别为“fmin.py”“cook.py”）。

（2）设一根铜管长 388m，现要求将其截成 28m 和 38m 两种长度的短管，且两种短管至少各有一根。两种规格的短管各为多少根时，剩余的残料最短？请编写程序，找出所有的最佳方案（文件名为“tongguan.py”）。

10.1.4　递归算法的 Python 编程

（1）编写 Python 程序代码，计算并输出任意正整数 *n* 的 *n*!。其中，*n* 由用户通过键盘输入且可连续多次输入，当输入字符 E 或 e 时，退出输入(文件名为“n!.py”)。

（2）编写 Python 程序代码，求两个正整数 *m* 和 *n* 的最大公约数（*m*>*n*）。其中，*m*、*n* 由用户通过键盘输入，且可连续多次输入，当输入字符 E 或 e 时，退出输入(文件名为“Gcd.py”)。

10.1.5　数值概率算法的 Python 编程

运用 random()函数，用随机投点法计算 π 值，编写 Python 程序代码实现计算 π 值的仿真算法，文件名为“ran.py”。

10.2　Excel 算法在 Python 中的实现

10.2.1　二分法求幂的 Python 编程

依据 8.2 节在 Excel 中已完成的二分法求幂计算的算法思想（伪代码），编写 Python 代码，实现用二分法求平方根，文件名为“bis.py”。

10.2.2　贪心算法的 Python 编程

依据 8.3 节在 Excel 中已完成的贪心算法的推演过程及伪代码，编写 Python 代码，实现埃及分数分解算法过程，文件名为“egy.py”。

10.2.3　文本加密算法的 Python 编程

依据 8.4 节在 Excel 中已完成的文本加密算法的推演过程，编写 Python 代码，完成一个随机密码文本的生成，要求在 26 个字母（包括大小写）和 0～9 个数字组成的列表中，随机生成 1 个 8 位密码，文件名为“pwd.py”。

10.3　Python 访问 Excel 数据

10.3.1　Python 访问 Excel 数据文件操作

当 Python 访问 Excel 的数据文件时，系统为 Excel 文件的操作提供了专门的库。这些库包括 xlrd、xlwt、xlutils、openpyxl、xlsxwriter、pandas 等，其中比较常用的是 openpyxl。在前面的章节中，我们已经熟悉了 Excel 的操作。在新建或打开一个 Excel 文件时，首先选择某个工作表（Sheet），然后读取或设置单元格的值。与此相对应，在 openpyxl 中有三个概念：Workbooks、Sheets、Cells。Workbook 就是一个打开的 Excel 文件，即 Excel 工作簿；Sheet 是工作簿中的工作表；Cell 是一个单元格。“openpyxl”围绕着这三个概念进行读写：打开 Workbook，定位 Sheet，操作 Cell。

1. 安装 Python 的第三方库 openpyxl

“openpyxl”不是 Python 3.X 内置库，需要手动安装。我们首先打开命令行窗口，然后输入命令“pip install openpyxl”即可。

2. import 语句导入

键入“import openpyxl”语句，再键入“help(openpyxl)”。通过执行 help 方法，查看 openpyxl 库。库中主要包括 cell（单元格）、chart（图表）、styles（样式）、workbook（工作簿）、worksheet（工作表）等，如图 10-1 所示。除了用 help 方法，还可以使用 dir 方法来查看一个库的所有成员，代码如下。

```
PACKAGE CONTENTS
    _constants
    cell (package)
    chart (package)
    chartsheet (package)
    comments (package)
    compat (package)
    conftest
    descriptors (package)
    drawing (package)
    formatting (package)
    formula (package)
    packaging (package)
    pivot (package)
    reader (package)
    styles (package)
    utils (package)
    workbook (package)
    worksheet (package)
    writer (package)
    xml (package)
```

图 10-1　openpyxl 库

```
>>> import openpyxl
>>> help(openpyxl)
>>> dir(openpyxl)
```

3. Python 访问 Excel 数据的操作步骤

（1）打开或创建一个 Excel 文件。需要创建一个 Workbook 工作簿，其中打开一个 Excel 文件可采用“load_workbook”方法，而创建一个 Excel 文件直接通过实例化类 Workbook 来完成。

（2）获取一个工作表。先创建一个 Workbook 工作簿，然后得到一个 Sheet 工作表。

（3）如果要获取表中的数据，需先得到一个 Sheet 工作表，再从中获取代表单元格的 Cell 中的数据。

下面以一个已录入数据的 Excel 表格为范例（如图 10-2 所示），介绍 Python 访问 Excel 数据的操作步骤，代码如下。

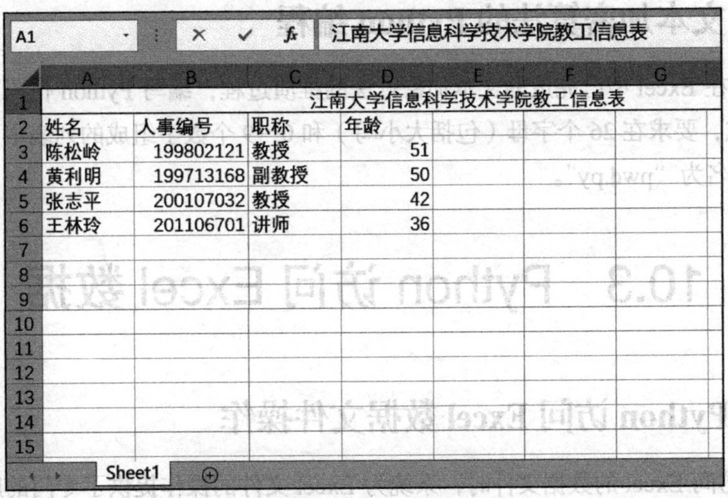
A1　江南大学信息科学技术学院教工信息表

	A	B	C	D	E	F	G
1	江南大学信息科学技术学院教工信息表						
2	姓名	人事编号	职称	年龄			
3	陈松岭	199802121	教授	51			
4	黄利明	199713168	副教授	50			
5	张志平	200107032	教授	42			
6	王林玲	201106701	讲师	36			

Sheet1

图 10-2　Excel 数据源

```
>>> from openpyxl import Workbook
>>> from openpyxl import load_workbook
>>> from openpyxl.writer.excel import ExcelWriter
>>> wb=load_workbook('c:\jnu.xlsx')
>>> wb.sheetnames
['Sheet1']
>>> ws=wb['Sheet1']
>>> ws.cell(1,1).value
'江南大学信息科学技术学院教工信息表'
>>> ws.cell(1,1).value='江大信科院教工'
>>> ws.cell(1,1).value
'江大信科院教工'
>>> wb.save('c:\jnu.xlsx')
```

读取指定行列的单元格，可使用“iter_rows”方法，如下所示，表示在参数指定范围内按行迭代。如果想要按列迭代，可以使用“iter_cols”方法。

```
>>> for row in ws.iter_row(min_row=3,max_row=5,min_col=2,max_col=4):
>>> print(*[r.value for r in row])
199802121 教授 51
199713868 副教授 50
200107032 副教授 42
```

10.3.2　Python 把数据写入 Excel 文件的操作步骤

上面的代码展示了如何操作一个已有的 Excel 文件，下面的代码为 Python 写入数据至一新建的 Excel 文件中的代码。

```
>>> from openpyxl import *
>>> from openpyxl.writer.excel import ExcelWriter
>>> wb=Workbook()
>>> ws=wb.active
>>> ws.cell(1,1).value='Hello Excel'
>>> for i in range(2,5):
      for j in range(2,6):
         ws.cell(i+1,j+1).value=i*j
      wb.save('test.xlsx')
```

生成的 Excel 文件如图 10-3 所示。

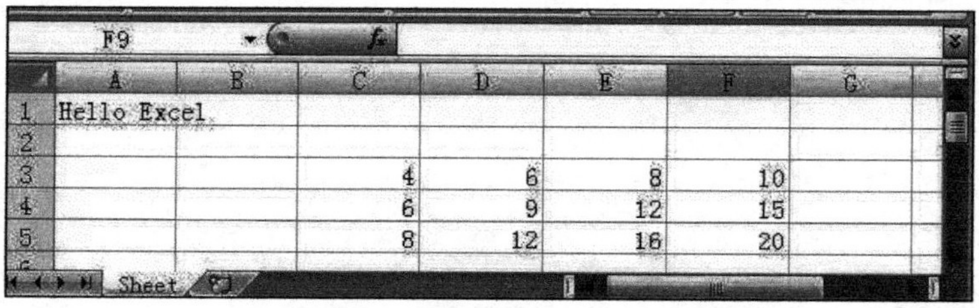

图 10-3　使用 Python 写入数据的 Excel 文件

工具篇

第11章 Word 文档处理

本章主要介绍 Word 基础操作、长文档编辑、修订与批注。通过丰富的实验案例，读者可了解和掌握 Word 文档中数据的表示、分析处理与呈现方法。

11.1 Word 基础操作

11.1.1 Word 工作窗口与基本功能简介

1. Word 简介

Microsoft Word 是微软推出的办公软件，具有强大的数据处理和分析功能，广泛应用于经济、金融、财务、管理等众多领域。

Word 2007 之后的软件工作界面主要包括标题栏、“文件”按钮、功能区、编辑栏、状态栏等。

（1）标题栏。

标题栏位于工作界面顶部，由应用程序图标、快速访问工具栏、标题以及一些控制按钮等组成。

快速访问工具栏：位于 Word 窗口的顶部，显示常用的命令。在默认情况下，包含“保存”“撤销”和“恢复”按钮。单击右侧的下拉按钮，弹出“自定义快速访问工具栏”菜单，单击相应的选项，可调整快速访问工具栏的位置，也可以在快速访问工具栏中添加或删除命令。

控制按钮：包括 Microsoft Word 帮助、功能区显示选项、最小化、向下还原/最大化和关闭按钮。

（2）“文件”按钮。

单击“文件”按钮，会显示“文件”菜单，菜单中包含了“信息”“新建”“打开”“保存”“关闭”等与文件操作有关的命令。在菜单中选择“选项”命令，会弹出“Word 选项”对话框，用户可根据喜好设置 Word 工作环境。

（3）功能区。

功能区包含多个选项卡，每个选项卡中的功能按钮根据用途分为不同的组，以便快速查找和应用所需要的功能，每个组中又包含一个或多个用途类似的命令按钮。用户可通过“功能区显示选项”按钮，隐藏整个功能区，或者只显示选项卡而隐藏命令。

选择的对象不同，还可能出现一些动态选项卡。例如，当选择“图表”对象时，将显示包含“设计”和“格式”选项卡的“图表工具”。

（4）编辑栏。

编辑栏由名称框、命令按钮区、编辑框组成。在 Word 2013 中，编辑框的高度可用鼠标拖动的方式或单击编辑栏右侧的“展开/折叠”按钮进行调整，以便显示较长的内容。通过拖动名称框的拆分框（圆点），我们可以调整名称框的宽度，使其能够适应较长的名称。

2. 文档的编辑操作

对文档进行编辑时我们需要熟练使用以下功能：文档的创建、保存、打开与关闭、选定文本块、删除文本块、复制或移动文本块、撤销与恢复、查找和替换、文档操作的快捷键等。

3. 文档的排版操作

文档的基本排版操作包括字符格式设置、段落格式设置、边框和底纹设置、格式刷与样式、页面设置等。

4. SmartArt

SmartArt 是 Office 2007 之后新加入的特性，用户可在 PowerPoint、Word、Excel 中使用该特性创建各种图形图表。SmartArt 图形是信息和观点的视觉表现形式。我们可以通过多种不同的布局来创建 SmartArt 图形，从而快速、轻松、有效地传递信息。

5. 表格

在 Word 中，表格通常用于格式化显示，比如对齐、页面布局、数据的格式化等，不能进行自动计算。通过“表格工具”－“布局”－“单元格大小”－“自动调整”－“根据内容自动调整表格”命令，我们可以使表格大小自动适应文字内容长度。选择“根据窗口自动调整表格”，我们可以使表格自动铺满文档窗口。

6. 公式

公式通常是数学公式的直观化表示。Word 本身自带公式编辑器，也可以安装插件，实现公式的编辑。

7. 图片版式

图片版式指的是文档中的图片与文字间的相对关系。人们常常会在文档中插入各种图片，以丰富文档的内容。设置图片的版式可使文档的版面更加合理和美观，如环绕（文字环绕在图片的周围）、衬于文字下方、衬于文字上方等。不同的应用场景需要设置不同的图片版式。

11.1.2 文字处理操作实验

1. 实验目的

练习 Word 文档的基本排版操作。

2. 实验内容

按照“文字排版格式荟萃-07 样例.jpg”，我们对 Word 文档“文字排版格式荟萃.docx”进行基本的排版操作（见图 11-1）。本实验涉及的基本操作包括设置字符格式、设置段落格式、设置边框和底纹、更改大小写、设置首字下沉、设置项目符号和编号、设置中文版式、设置分栏、设置制表符、设置文本框。

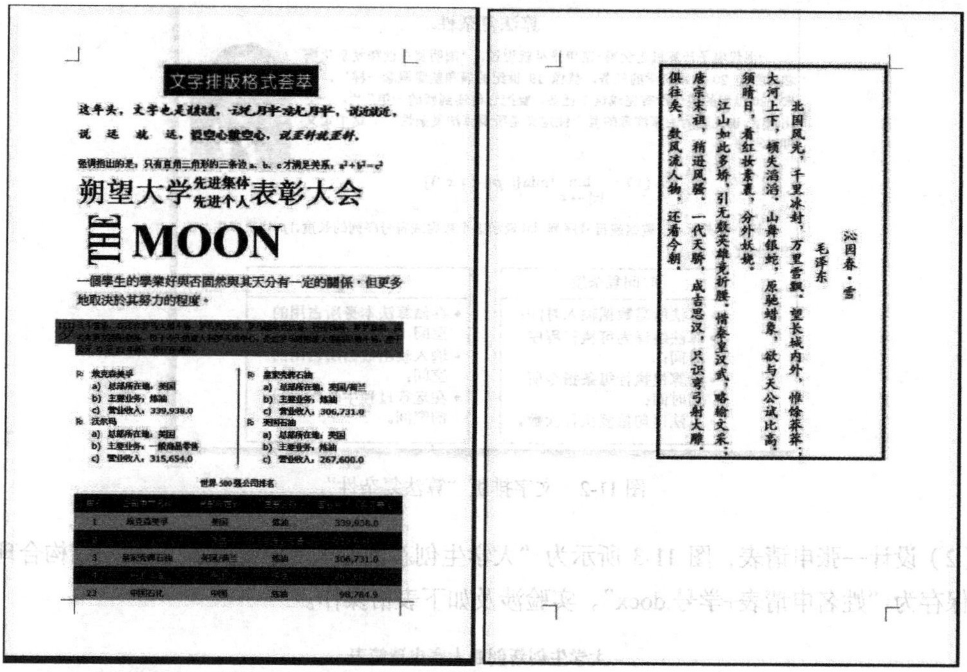

图 11-1　文字排版格式荟萃-07 样例

11.1.3　Word 特殊元素处理实验

1. 实验目的

（1）练习公式编辑。

（2）练习表格编辑。

（3）练习 SmartArt 图表的使用。

（4）练习图文排版。

2. 实验内容

（1）用公式编辑器生成公式。

（2）选择合理的 SmartArt 图表并做出设计。

（3）练习 Word 中表格的各种操作。

3. 实验要求

按照以下要求，读者完成相应操作。

（1）选择与如下“算法复杂性”类似的概念，即由某个科学家提出的、具有一定影响力的概念，进行说明或者阐述，需包括该科学家的照片、概念的核心公式、核心元素等。

参照图 11-2 所示的格式进行设计，文件名保存为“概念姓名+学号.docx”。实验涉及以下操作。

① 引用参考文献的格式设计。

② 公式的编辑及公式说明的格式设计。

③ 照片放在合适位置上。

④ 插入“SmartArt 图形”，如图 11-2 中的“时间复杂度”和“空间复杂度”。

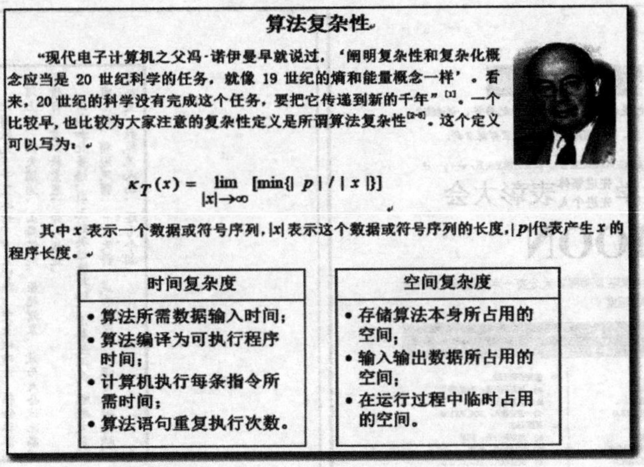

算法复杂性

"现代电子计算机之父冯·诺伊曼早就说过，'阐明复杂性和复杂化概念应当是 20 世纪科学的任务，就像 19 世纪的熵和能量概念一样'。看来，20 世纪的科学没有完成这个任务，要把它传递到新的千年"[1]。一个比较早，也比较为大家注意的复杂性定义是所谓算法复杂性[2-4]。这个定义可以写为：

$$\kappa_T(x) = \lim_{|x|\to\infty} [\min\{|p| / |x|\}]$$

其中 x 表示一个数据或符号序列，$|x|$ 表示这个数据或符号序列的长度，$|p|$ 代表产生 x 的程序长度。

时间复杂度	空间复杂度
• 算法所需数据输入时间； • 算法编译为可执行程序时间； • 计算机执行每条指令所需时间； • 算法语句重复执行次数。	• 存储算法本身所占用的空间； • 输入输出数据所占用的空间； • 在运行过程中临时占用的空间。

图 11-2　文字排版"算法复杂性"

（2）设计一张申请表，图 11-3 所示为"大学生创新创业大赛申请简表"，要求结构合理，文件名保存为"姓名申请表+学号.docx"。实验涉及如下表格操作。

大学生创新创业大赛申请简表

项目名称					
项目起止时间					
负责人姓名		性别		出生年月	
学号		专业		邮箱/电话	
项目组成员	姓名	学号	专业	邮箱	分工
指导教师	姓名		职务/职称		
	所在单位				
	联系电话		E-mail		
校外导师	姓名		职务/职称		
	所在单位				
	联系电话		E-mail		
项目简介					

图 11-3　申请表

① 单元格合并、拆分。

② 对单元格中的文字进行居中或者左右对齐设置。

③ 设置单元格中文字的编排方向——横排或者竖排。

④ 插入或删除行、列、单元格，对单元格进行调整。

11.1.4　Word 页面布局实验

1. 实验目的

（1）掌握分节的方法。

（2）掌握在文档中设置页码、页眉和页脚的方法。

（3）掌握文本框的使用方法。

（4）掌握样式的建立、应用和修改方法。

2. 实验内容

（1）打开文档“长江寻梦.doc”，按下列要求编辑后用原名保存。

① 对整篇文档进行图 11-4 所示的页面设置。

② 为文档加上页码，位置为“页面底端”，对齐方式为“居中”，首页显示页码，页码编排方式为“续前节”。

③ 在文中的四个小标题“一、黄色之流”“二、鬼城丰都”“三、人间梦境”和“四、白帝情思”的段前插入“奇数页”类型的分节符。

④ 设置第一节偶数页页眉，内容为“长江寻梦”。

⑤ 设置第二节奇数页页眉。首先在“页眉和页脚”工具栏中单击“链接到上一个”按钮，取消“与上一节相同”的设置，然后将内容设置为“一、黄色之流”。

⑥ 设置第三节奇数页页眉。首先在“页眉和页脚”工具栏中单击“显示下一项”按钮，转到第三节奇数页页眉处，然后取消“与上一节相同”的设置，再将内容设置为“二、鬼城丰都”。

⑦ 仿照⑥，将第四节、第五节奇数页页眉的内容分别设置为“三、人间梦境”和“四、白帝情思”。

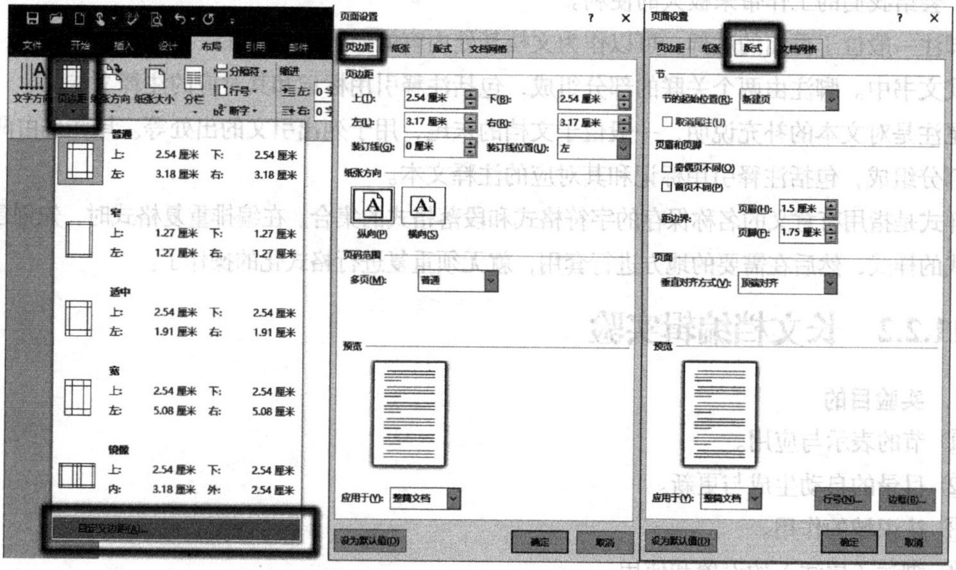

图 11-4 页面设置具体要求

（2）打开文档“著名的彗星.doc”，按下列要求编辑后用原名保存。

① 打开文档“著名的彗星.doc”。

② 按照“样例 2-2.gif”对文档进行格式设置，但不允许插入、删除、修改任何字符（包括空格、换行等控制字符）。

（3）建立、应用和修改样式。

① 打开文档“教材目录.doc”。

② 建立一个名为“章标题”的样式，其格式组合为：无缩进、段前距 4 行、段后距 1 行、三号黑体加粗蓝色字。

③ 将文档中的每个章标题都取样式“章标题”所规定的格式组合。

④ 将文档中的节标题的样式改为红色四号楷体字、段前距 1 行、段后距 1 行、居中对齐。

⑤ 用原名保存，退出。

11.2 长文档编辑

11.2.1 文档格式化

节是文档格式化的最大单位，分节符标志着一个“节”的结束。在默认条件下，Word 将整个文档视为一节，故对文档的页面设置是应用于整篇文档的。若需要在一页之内或多页之间采用不同的版面布局，只需插入“分节符”，将文档分成几节，然后根据需要设置节的格式即可。分节符中存储了节的格式设置信息，一定要注意分节符只控制它前面文字的格式。

域是 Word 中的一种特殊命令，由花括号、域名（域代码）及选项开关构成。域代码类似于公式；域选项开关是特殊指令，在域中可触发特定的操作。用 Word 处理文档时，若能巧妙地应用域，会给我们的工作带来极大的便利。

脚注一般位于页面的底部，可以作为文档某处内容的注释，常用在一些说明书、标书、论文等正式文书中。脚注由两个关联的部分组成，包括注释引用标记和其对应的注释文本。

尾注是对文本的补充说明，一般位于文档的末尾，用于列出引文的出处等。尾注也由两个关联的部分组成，包括注释引用标记和其对应的注释文本。

样式是指用有意义的名称保存的字符格式和段落格式的集合。在编排重复格式时，先创建一个该格式的样式，然后在需要的地方进行套用，就无须重复进行格式化的操作了。

11.2.2 长文档编辑实验

1. 实验目的

① 节的表示与应用。

② 目录的自动生成与更新。

③ 认识域的作用。

④ 脚注（尾注）的设置和使用。

2. 实验内容

① 样式的创建和应用。

② “奇偶页不同”的页眉和页脚。

③ 节的概念和应用。

④ 大纲视图的使用。

⑤ 目录的自动生成和更新。

⑥ 认识域的作用。

⑦ 脚注（尾注）的设置和使用。

3. 实验要求

按照以下要求，读者完成对 Word 文档“唐诗精品.docx”的相关操作。

（1）观察文档的内容和结构。

① 文档中包含了 13 位唐朝诗人的 103 首诗作。

② 每位诗人简介之后都插入一个分页符。

③ 整个文档共分为 23 页、1 节。

（2）页面设置。

① 设置文档的纸张大小为 16 开。

② 将文档的页眉和页脚设置为“奇偶页不同”。

（3）创建并应用样式。

① 将“张九龄”设置为三号、加粗、楷体_GB2312、右对齐、1 级大纲级别，并将此格式组合创建为一个段落样式，样式名为“作者”。

② 将“望月怀远”设置为加粗、2 级大纲级别，并将此格式组合创建为一个段落样式，样式名为“作品”。

③ 将样式“作者”应用到文档中的“李白”“杜甫”等诗人的名字上。

④ 将样式“作品”应用到文档中的“望月怀远”“关山月”等诗作的标题上。

⑤ 切换为大纲视图，分别在“显示级别 1”“显示级别 2”和“显示所有级别”下查看文档。

（4）分节。

① 在文档中每个诗人名字之前插入一个“奇数页”分节符，使每位诗人的诗作都始于奇数页。完成后文档共被分成 14 节。

② 在文档页面的底端加上页码，要求奇数页使用“框中倾斜 2”风格的页码，偶数页使用“框中倾斜 1”风格的页码，所在页码的编号都默认为“续前节”。

（5）生成文档目录。

① 在文档第 1 节末尾生成一个二级目录（第 1 级为“作者”，第 2 级为“作品”）。

② 将“张九龄”所在的第 2 节的页码编号设置成“起始页码”为 1。

③ 对目录进行“更新域”的操作，自动调整目录中各项内容所对应的页码。

（6）分别设置奇数页和偶数页的页眉。

① 将文档属性中的“标题”设置为“唐诗精品”。

② 设置第 2 节（其页码为 1）的“奇数页页眉”。首先取消“与上一节相同”的设置，然后在页眉中插入 StyleRef 域中的“作者”样式名。

③ 设置第 2 节的“偶数页页眉”。同样先取消“与上一节相同”的设置，然后在页眉中插入 Title 域。

（7）插入脚注。

① 在文档第 2 节第 1 行中的“韶州”后面插入脚注，使用自定义标志符号“*”，脚注内容为“今广东韶关”。

② 试用鼠标在正文和脚注之间进行自动跳转。

11.3 修订与批注

11.3.1 修订与批注步骤

修订的作用是将修改的痕迹记录下来，这样就可以追溯到具体是什么时间、什么人对文档进行了什么修改（添加、删除、更新等）。在修改文章的时候，我们经常会用到 Word 的修订功能。

1. 修订

（1）打开修订，如图 11-5 所示。

单击“审阅”选项卡中的“修订”按钮，如果颜色加深，就表示修订已打开，再次单击可关闭。

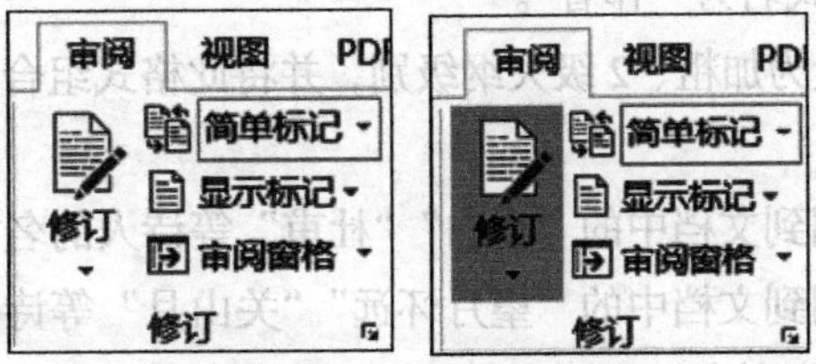

图 11-5 打开/关闭修订

（2）对文档执行修改操作。

对文档执行修改操作，包括添加、删除、更新等，所有操作及相关信息（比如操作的时间、用户信息等）都会被记录下来，如图 11-6 所示。

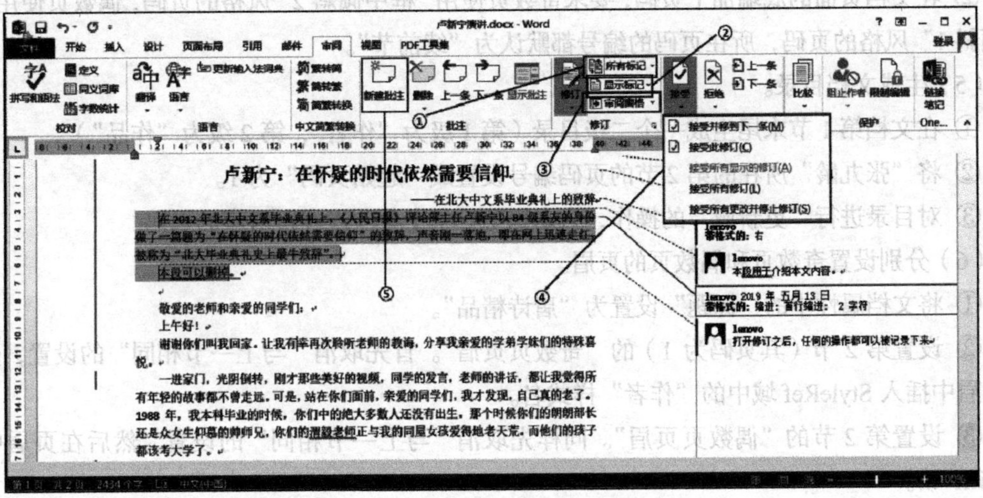

图 11-6 做了修订和审阅的文档界面

（3）选择显示标记或者接受修订。

①“所有标记”复选框（如图 11-6 中①所指）：选择显示所有修订的内容或者部分修订内

容等。

②“显示标记”（如图 11-6 中②所指）：选择显示某一类型的修订，比如“插入或删除”“修订”等。

③“审阅窗格”（如图 11-6 中③所指）：选择“审阅窗格”以水平或垂直显示。

④“接受”（如图 11-6 中④所指）：根据情况选择接受修订。

⑤“新建批注”（如图 11-6 中⑤所指）：添加批注。

2. 批注

（1）找到需要添加批注的位置。选中需要添加批注的部分，如果没有选中任何对象，则默认选择光标所在位置的前一句话作为批注的对象。

（2）插入批注。单击“审阅”选项卡中的“新建批注”按钮，Word 就会显示图 11-7 所示的批注框。

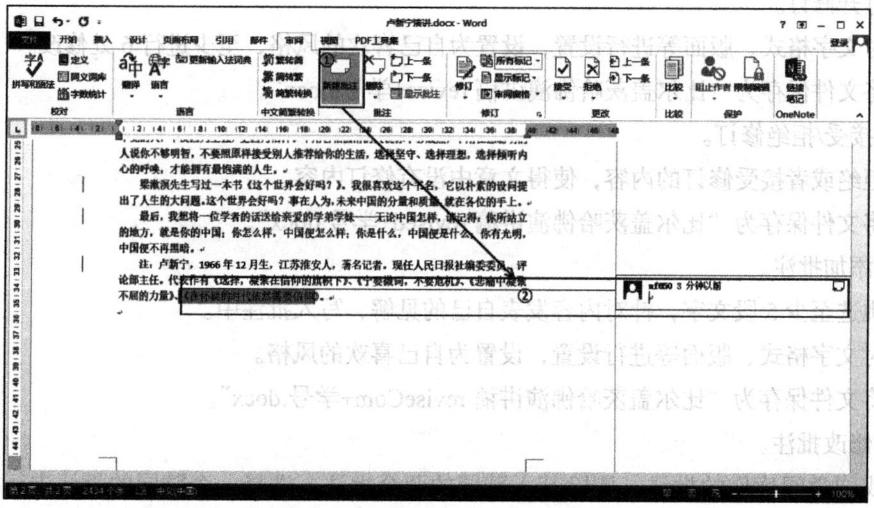

图 11-7　新建批注的文档界面

（3）输入批注内容。在批注框中输入批注内容，Word 会自动记录当前用户名和批注时间等信息。

（4）比较文档。如果没有打开修订，但对文档做了修改，在需要查看文档修改的情况下，可以单击“审阅”选项卡中的“比较”按钮，查看两个文档的对比结果。另外，应用“比较”功能还可以合并多个文档，如图 11-8 所示。

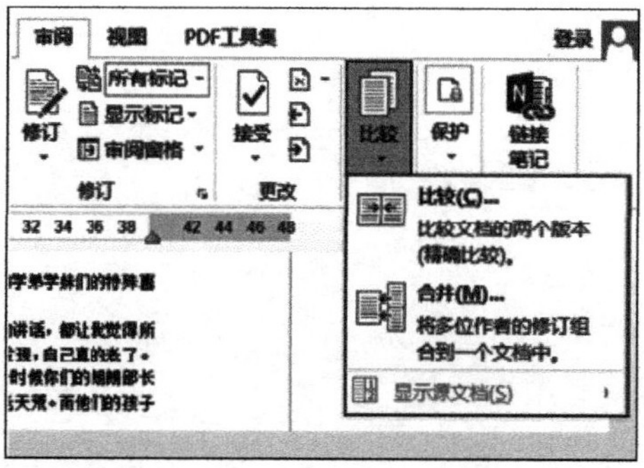

图 11-8　比较文档界面

11.3.2 修订与批注实验

1. 实验目的

（1）掌握文档的修订方法。

（2）掌握批注的使用方法。

2. 实验内容

（1）打开修订，显示不同的修订内容。

（2）接受或者拒绝修订，添加、删除和修改批注。

3. 实验要求

按照以下要求，对 Word 文档“比尔盖茨哈佛演讲稿.docx”执行以下操作。

（1）修改文字排版。

① 打开修订。

② 对文字格式、版面等进行设置，设置为自己喜欢的风格，至少进行 6 处修改。

③ 将文件保存为“比尔盖茨哈佛演讲稿 revise+学号.docx”。

（2）接受/拒绝修订。

① 拒绝或者接受修订的内容，使得文章中没有修订内容。

② 将文件保存为“比尔盖茨哈佛演讲稿 revised+学号.docx”。

（3）添加批注。

① 挑选至少 5 段文字，针对内容发表自己的见解，写入批注中。

② 对文字格式、版面等进行设置，设置为自己喜欢的风格。

③ 将文件保存为“比尔盖茨哈佛演讲稿 reviseCom+学号.docx”。

（4）修改批注。

① 找同学阅读你的批注，删除其不赞同的两个批注，选择一个赞同的批注进行批注内容修改。

② 将文件保存为“比尔盖茨哈佛演讲稿 revisedCom+学号.docx”。

第 12 章 XMind 思维导图制作

思维导图是一种图文并重且将放射性思维具体化的绘图方法。它可以协助人们在科学与艺术、逻辑与想象之间平衡发展。思维导图遵循大脑的思维模式，可以让人快速学习和掌握知识。思维导图的各级主题和各元素间的关系可以用隶属、相关等层级图表现出来，如图 12-1 所示。

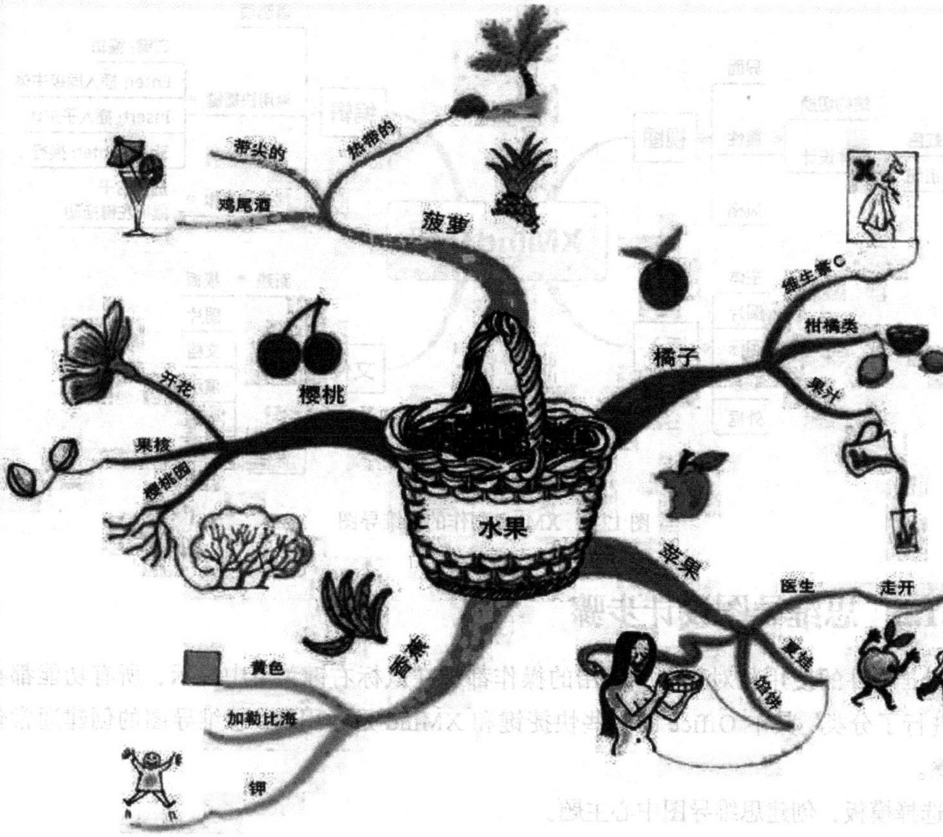

图 12-1　XMind 思维导图逻辑关系展示

XMind 是一款比较经典、易用的思维导图软件，可提供一种树状的网络，帮助我们梳理信息，理解事物之间的关联。同时，它的操作界面非常简洁，绘制出的思维导图很美观，而且功能丰富。波音公司在设计波音 747 飞机时，原计划至少要花费 6 年时间，可设计师们使用了思维导图工具后，仅仅用了 6 个月的时间就完成了波音 747 飞机的设计任务。

12.1 XMind 简介、设计步骤与应用范例

12.1.1 XMind 简介

XMind 是一款比较经典、易用的思维导图软件。XMind 中的思维导图结构包含一个中心主题，以此为中心辐射主要分支（即子主题）。图 12-2 所示的思维导图中，“XMind 介绍”是思维导图的中心源，“文件”“编辑”“视图”“插入”是“XMind 介绍”的子主题，而“视图”的子主题是“界面”“属性”“风格”。思维导图在展示时，可以随意折叠或者展开任意子主题。XMind 兼容了 FreeMind 和 MindManager 数据格式，既可用于绘制思维导图，还能用于绘制鱼骨图、二维图、树形图、逻辑图、组织结构图等。

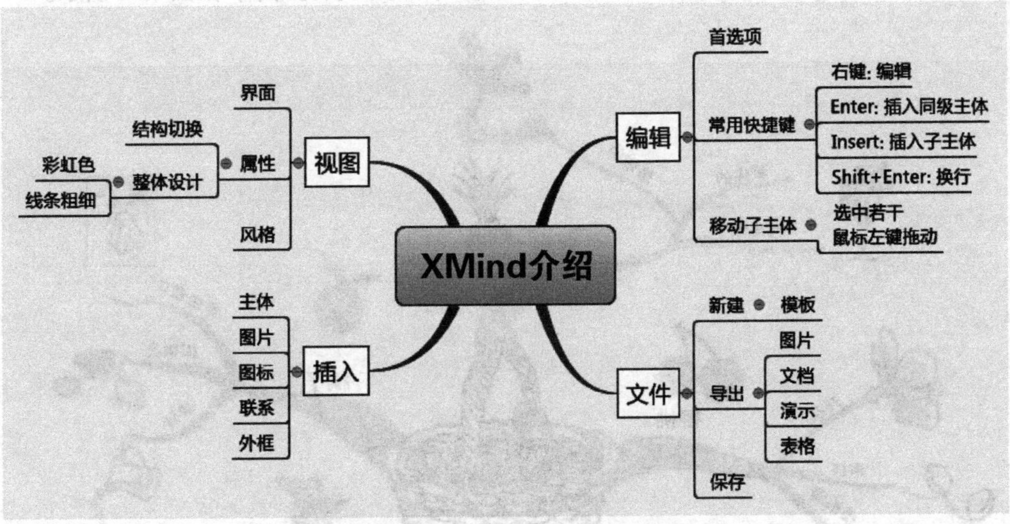

图 12-2 XMind 制作的思维导图

12.1.2 思维导图设计步骤

XMind 软件的使用相对简单，常用的操作都会在鼠标右键菜单中显示，所有功能都在菜单栏中进行了分类，其中 Office 的一些快捷键和 XMind 是通用的。思维导图的创建通常包括以下步骤。

① 选择模板，创建思维导图中心主题。

② 添加主题。

③ 美化主题。

④ 导出。

1. 创建思维导图中心主题

创建思维导图中心主题的方法有两种。

方法 1：打开 XMind 软件，选择空白模板，创建一个空白思维导图。

方法 2：打开 XMind 软件，使用导图模板，选择已有的导图后进行修改。

使用 XMind 新建导图的界面如图 12-3 所示。

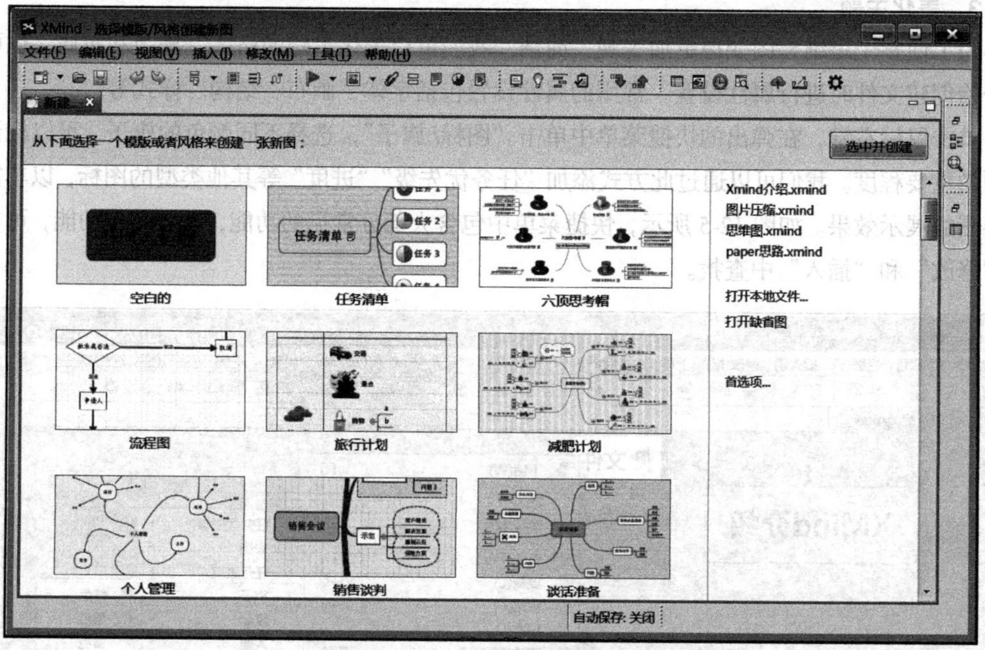

图 12-3 Xmind 创建新图

2. 添加子主题

选择“插入/子主题”，或者单击鼠标右键，在弹出的快捷菜单中选择“插入/子主题”，如图 12-4 所示。

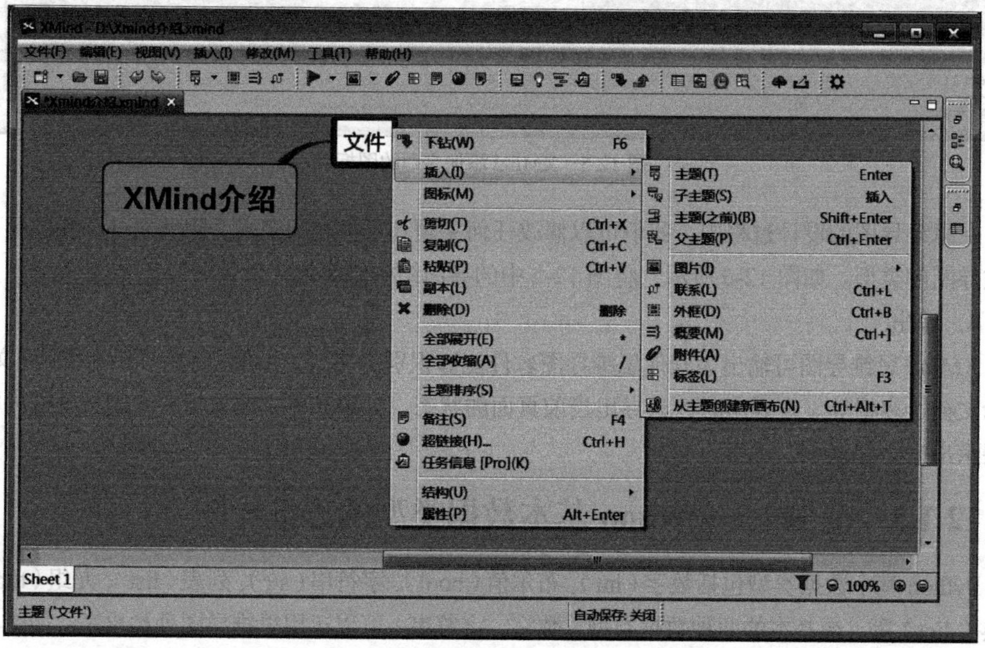

图 12-4 XMind 插入子主题

除了插入子主题外，还可以添加超链接、图片、备注、附件、提醒、任务、附注等信息，以丰富思维导图的内容。

3. **美化主题**

为了使整个思维导图变得更加美观、简洁，我们可以美化主题的格式、排版和布局，也可以在开始创建文件时进行属性设置。常用的属性设置包括字体、画布、结构、样式等。

单击鼠标右键，在弹出的快捷菜单中单击“图标/旗子”，选择不同颜色的旗子，可以标记该主题的重要程度。我们可以通过此方式添加“任务优先级”“进度”等其他类型的图标，以丰富思维导图的展示效果。如图 12-5 所示，快捷菜单中包含大部分常见的功能，若需其他功能，可在菜单“修改”和“插入”中查找。

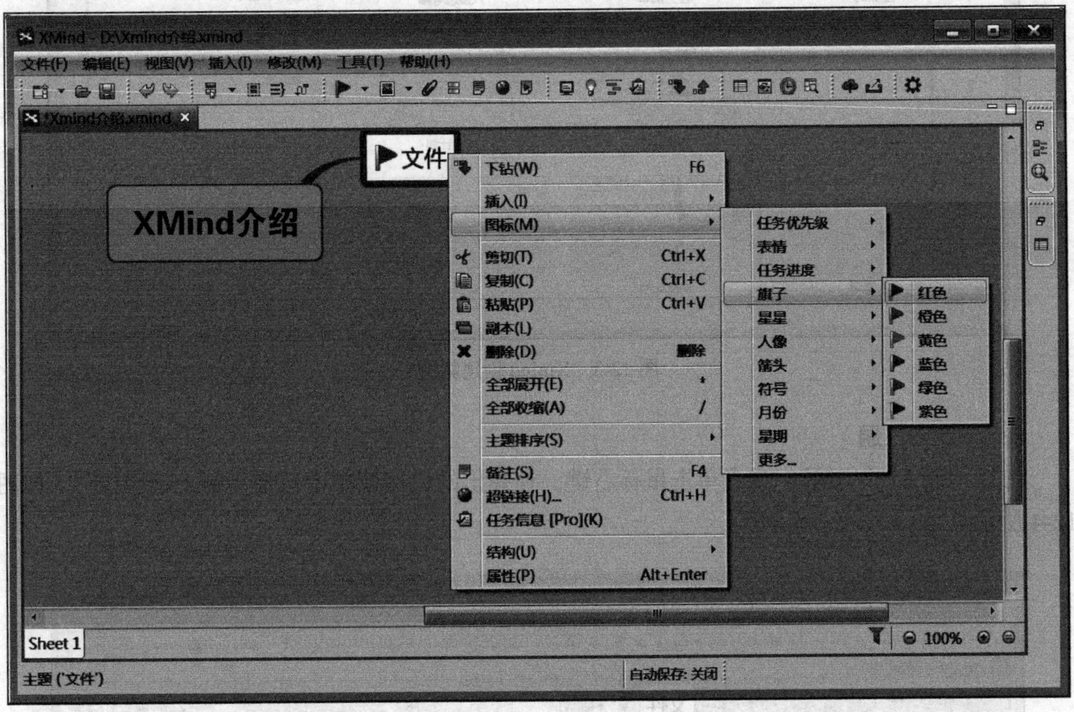

图 12-5 XMind 添加主题的图标

在思维导图的设计过程中，我们可以修改任何主题和子主题的格式。除此之外，我们还可以修改导图的类型。如图 12-6 所示，将图 12-2 中的导图结构修改为“鱼骨图”。

4. **导出**

XMind 思维导图可输出为其他思维导图软件能够识别的格式，也可以将其导出为图片、文档、演示文档、表格等。在导出时，只导出当前页面的状态。如果某些主题被折叠，则折叠的内容不会展示出来，如图 12-7 所示。

12.1.3 范例——Python 基本数据类型的思维导图

Python 基本数据类型包括数字（int）、布尔值（bool）、字符串（str）、列表（list）、元组（tuple）、字典（dict）等。最基本的两种数据类型（数字、字符串）可以运用思维导图列举出来，如图 12-8 所示。

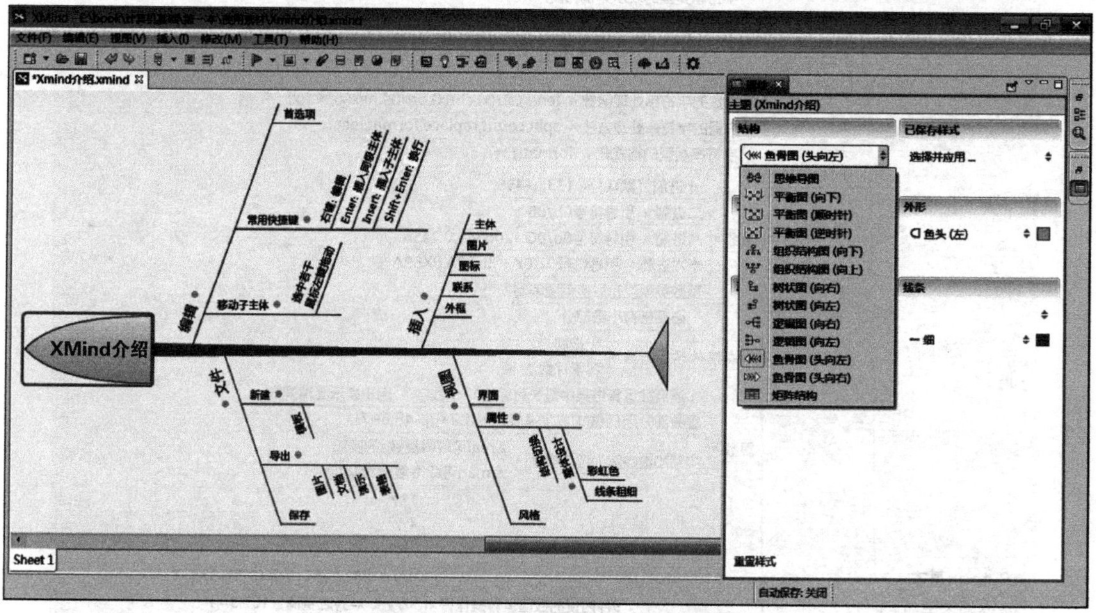

图 12-6　修改为“鱼骨图”的思维导图

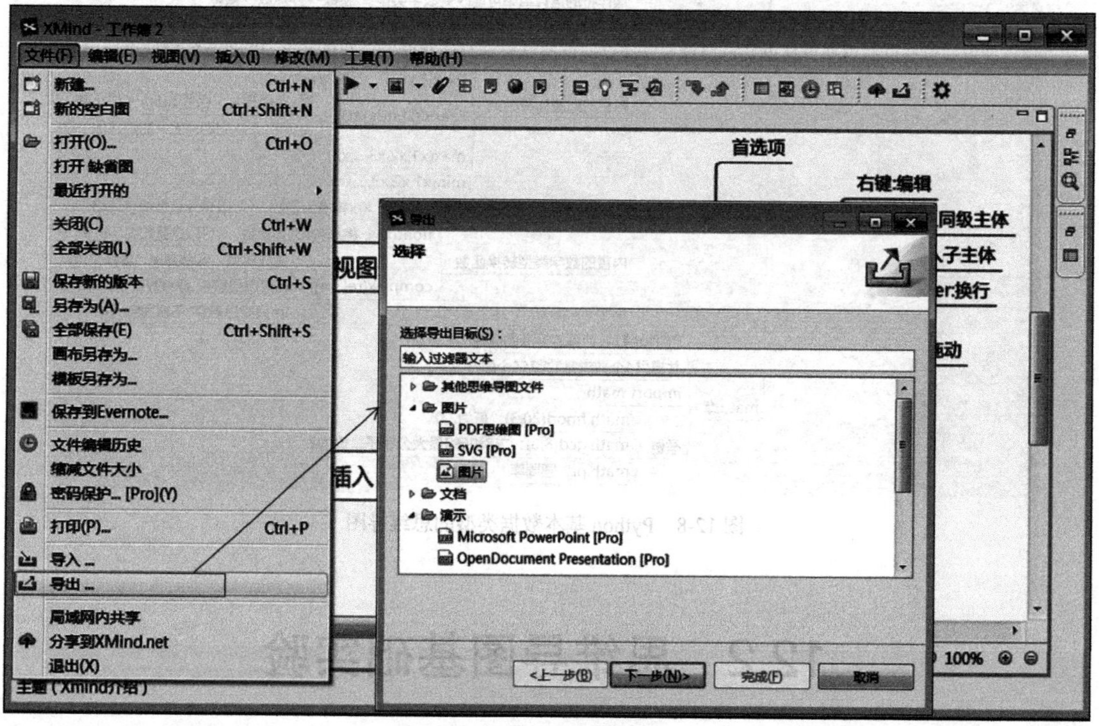

图 12-7　XMind 思维导图导出

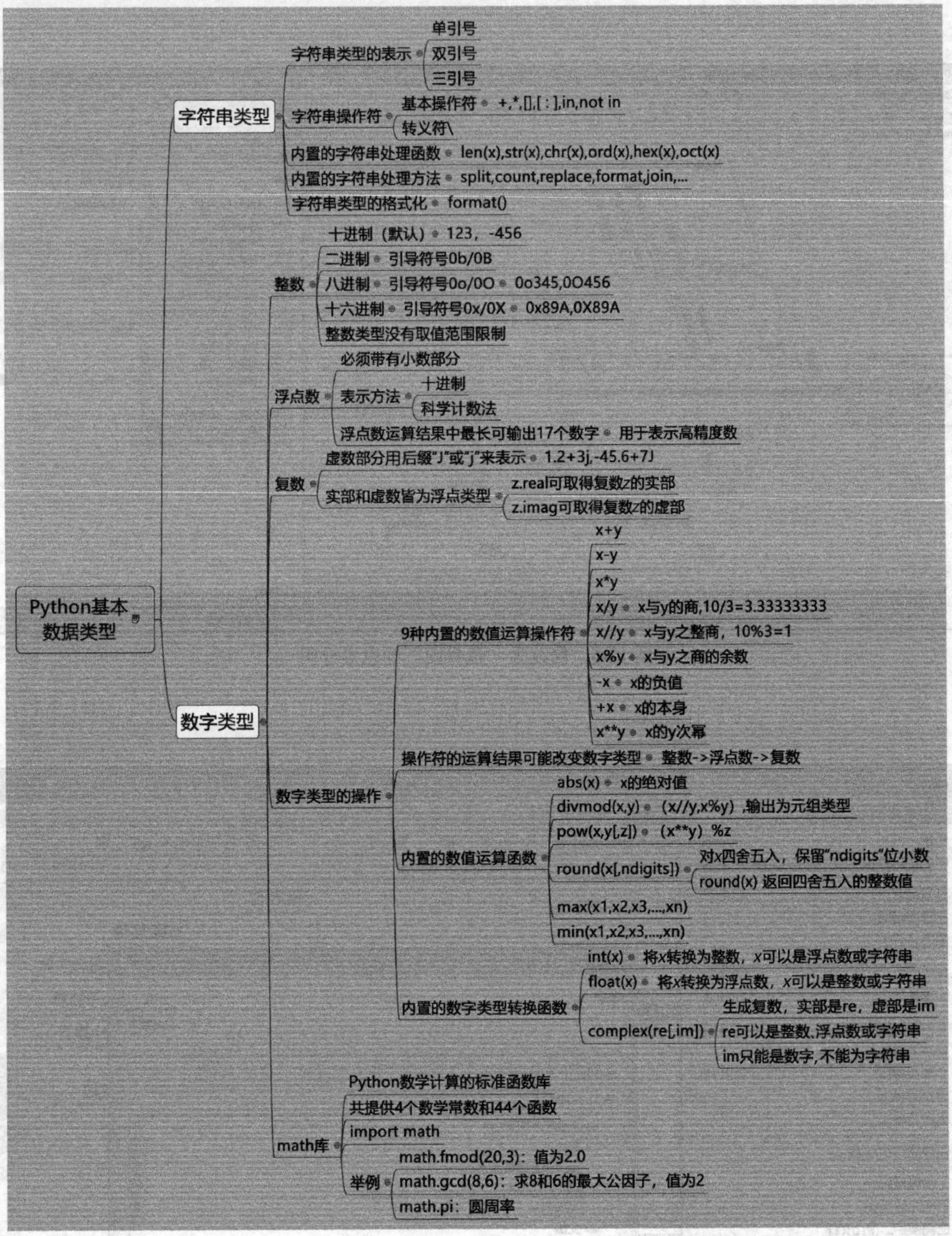

图 12-8　Python 基本数据类型的思维导图

12.2　思维导图基础实验

1．实验目的

① 理解和掌握思维导图软件 XMind 的使用方法。

② 掌握如何修改主题、选择主题结构、划分子主题并进行美化等。

③ 应用 XMind 软件导出不同格式的文件。

2. 实验内容

（1）设计“大学规划”思维导图，类似图 12-9 的效果即可（不要求一模一样，可以自行发挥），具体步骤如下。

① 打开 XMind 软件，单击“文件/新建”，弹出模板页面，双击选择合适的模板。

② 设置/修改背景颜色。

③ 单击鼠标右键，在弹出的快捷菜单中，打开“属性”面板，创建中心主题“大学规划”，插入子主题，具体内容读者可参考图 12-9，也可以自行设置内容。

④ 为子主题添加编号或者图标，设置子主题的颜色等属性，使界面更美观。

⑤ 文件命名为“学号+大学规划.xmind”。

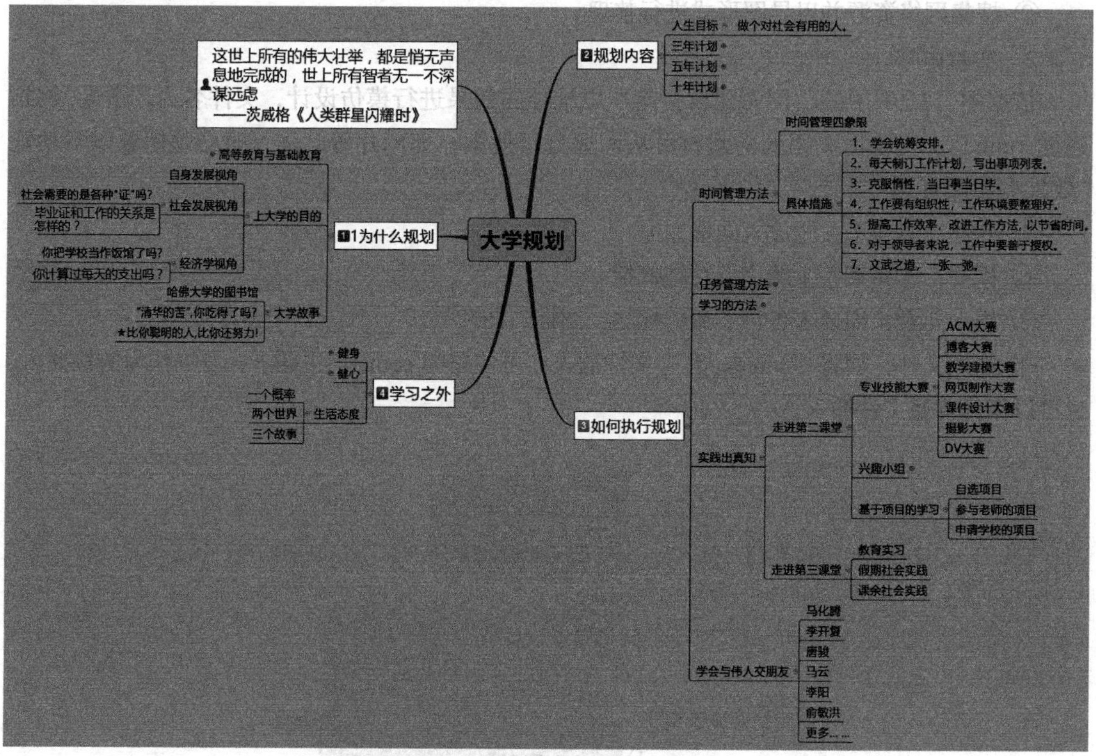

图 12-9 “大学规划”思维导图

（2）设计“Python 控制结构”思维导图。

依据 Python 基本数据类型思维导图的思路，画出 Python 中控制结构语句的思维导图，需要包含顺序结构、选择结构、循环结构、异常处理等，思维导图至少需要三层，导出文件格式为“.png”和“.html”，文件名为“学号+Python 控制结构.xmind”。

（3）设计“计算机系统”思维导图。

用 XMind 思维导图尽可能全面地展示计算机系统的内容，要求界面整洁、层次分明，思维导图至少需要三层，文件名为“学号+计算机系统介绍.xmind。

（4）设计“课程内容”思维导图。

展示本课程的基本内容，要求全面详细、界面美观，突出展示课程的难点和重点，思维导图至少需要三层，文件名为“学号+课程简介.xmind”。

（5）设计“我的兴趣”思维导图。

选择自己的某个兴趣爱好，进行详细展示。比如，有人喜欢沉香，可以介绍其功能、种类、鉴别、历史、价格等内容。思维导图至少需要三层，文件名为“学号+我的兴趣.xmind”。

12.3 思维导图高级设计实验

1. 实验目的

① 充分理解思维导图的使用方法。

② 搜集网络资源并以导图形式进行整理。

2. 实验内容

依据图 12-10 中的“网站建设指南”思维导图效果进行模仿设计，文件名为“学号+网站建设.xmind”。实验需要用到的素材可从网上自行搜索，如图片等。设计时必须用到以下功能（效果类似即可）。

① 外框，将若干主题放入同框。

② 概要，选择某些主题进行总结概括。

③ 插入元素，如插入各种类型的标签、图标、图片等。

④ 插入文件，如将“comet.pdf ”文件插入“可伸缩的 comet”主题下，可以作为链接插入，也可以作为普通文件插入。

图 12-10 “网站建设指南”思维导图

附录 A 上机考试样题

第一部分：数据计算（每小题 5 分，共 25 分）

打开“EX-A.xlsx”工作簿文件，完成以下操作后按原文件名存盘。

（1）根据区域 Sheet1!A4:F9 中的数据，创建一个“EX-A1.png”文件所示的图表，图名为“商学院各年招生人数变化图”，并独立放置在工作表“Chart1”中。

（2）在工作表 Sheet2 中，单元格 A2:A76 区域的每个数据都包含 4 个数据项，并用“,”分隔。将这些数据整理到 B2:E76 单元格区域，结果如“EX-A2.PNG”文件所示。

（3）在工作表 Sheet3 的单元格区域 E2:E254 内，求平均成绩（要求四舍五入，保留 1 位小数）。

（4）单击工作表 Sheet3，在单元格区域 F2:F254 内，用公式求出每位同学的平均成绩并排名。

（5）在工作表 Sheet3 的单元格区域 I3:I7 中，分类统计出数学成绩为[0, 60)、[60, 70)、[70, 80)、[80, 90)及 90 分以上的人数。

第二部分：数据分析（第 4 小题 10 分，其他小题 5 分，共 25 分）

打开“Filter-A.xlsx”工作簿文件，完成以下操作后按原文件名存盘。

（1）从数据清单 Sheetl!Al:H31 中筛选出所有年龄在 40 岁以下但不小于 30 岁的男职工，将筛选出的所有记录复制到工作表 Sheet3!A1 中。

（2）从数据清单 Sheetl!Al:H31 中筛选出所有姓名由两个字组成的职工，将筛选出的所有记录复制到工作表 Sheet4!A1 中。

（3）从数据清单 Sheetl!Al:H31 中筛选出所有获得过奖励的职工，将筛选出的所有记录复制到工作表 Sheet5!A1 中。

（4）根据工作表 Sheet1 中的数据清单制作 2 个数据透视表，如附图 A-1、附图 A-2 所示。

① 1980—1989 年出生的职工的平均工资。

② 获得先进工作者人员信息的报表。

出生日期	（多项）
行标签	平均工资
陈静	225
陈醉	265
冯雨	225
古琴	245
李海儿	305
卢植茵	205
马甫仁	205
申旺林	245
石惊	225
宋成城	275
王克南	245
王斯雷	245
吴心	245
夏雪	245
赵敏生	205
钟尔慧	265
总计	241.875

附图 A-1 职工平均工资

获奖情况	先进工作者			
计数项:备注	列标签			
行标签	2005年度	2007年度	2009年度	总计
李文如	1			1
郑含因		1		1
钟成梦			1	1
总计	1	1	1	3

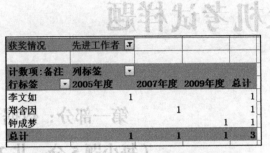

附图 A-2 获得先进工作者人员信息的报表

第三部分：算法设计

（每小题 25 分，共 50 分）

（1）已知某数列如下：$a_1=1$，$a_2=2$，$a_n=a_{n-1}+(-1)^n\times a_{n-2}$（$n\geqslant 3$）。在 RAPTOR 环境中编写流程图，完成以下算法的实现，以“FiboA.rap”为文件名，保存在 E 盘 Papers 文件夹中。要求如下。

① 输入一个（1，50）区间内的整数 n。如果 a_n 不在（0，50）区间内，则提示输入错误，显示出错信息“"Input Error!"”，结束运行。

② 根据输入的 n，输出该数列第 n 项的值，如输入 2，显示 2。

（2）在 RAPTOR 环境中完成以下算法的实现，并以“SortA.rap”为文件名保存在 E 盘 Papers 文件夹中。要求如下。

① 随机产生 10 个 0～200 的整数，存入数组 a 中，计算并输出它们的和及平均值。

② 对数组中下标为偶数的元素进行升序排序，下标为奇数的元素保持位置不变。

附录B 上机实验报告样本

本科实验报告专用纸

课程名称____程序设计基础________ 成绩评定________

实验项目名称______程序流程控制______ 指导教师______

实验项目编号_Python 一___实验项目类型___实验地点______

学生姓名____________学号__________________

学院_______________系_______专业____________

实验时间___年__月__日 __午 温度__℃湿度____

1. 实验目的

（1）了解 Python 语言程序设计的基本结构，掌握顺序结构、选择结构、循环结构及列表的意义，构成程序的基本方法和技术。

（2）掌握 Python 语言中构造顺序结构、选择结构、循环结构及列表程序的语句。

（3）掌握用顺序结构、选择结构、循环结构及列表实现各种算法的方法，理解算法及程序的执行流程。

2. 实验要求

（1）完成 Python 语言顺序结构、选择结构、循环结构及列表程序设计的相关程序，并回答提出的问题。

（2）按题意编写相应的程序代码，并上机调试通过。

3. 实验内容和结果

（1）程序填空。输入一个表示成绩的整数，输出其对应等级：80 分以上为 Good，60 分以上为 Pass，否则为 Fail。

方法一：条件表达式。

```
mark=int(input("mark:"))
print("Good" if mark>=80 else ____________________)    #输出成绩等级
```

方法二：多分支 if 语句。

```
mark=int(input("mark:"))
if ____________________:
    print("Good")
elif ____________________:
```

```
    print("Pass")
else:
    ____________________
```

方法三：列表。

```
mark=int(input("mark:"))
print(["Fail","Pass","Good"][(mark>=60)+(mark>=80)])#输出成绩等级
```

解释本方法的实现原理。

（2）找出以下程序中的错误。

```
import random
a= randint(0,100)
if a>0:
    def='正数'
    print(with)
elif a=0:
    print('零')
else:
print(k+'负数')
```

（3）程序修改。

① 改写下列 if 语句，使 else 与第一个 if 配对。

```
if x<2:
    if x<1:
        y=x+1
    else:
        y=x+2
```

② else 与 if 的匹配原则是什么？改写 if 语句前，“y=x+1”和“y=x+2”两条语句的执行条件是什么？改写后呢？

（4）编写程序，用循环语句打印以下数字图案。

1

12

123

1234

12345